BMFT
Bundesministerium für Forschung und Technologie

Umweltprobenbank

Bericht und Bewertung der Pilotphase

Mit 38 Abbildungen und 18 Tabellen

Springer-Verlag Berlin Heidelberg New York
London Paris Tokyo

Herausgeber:

BMFT
Bundesministerium für Forschung und Technologie

Projektträger:

Umweltbundesamt
Dr. Ulrich R. Boehringer
Bismarckplatz 1
1000 Berlin 33

ISBN 3-540-18138-5 Springer-Verlag Berlin Heidelberg New York
ISBN 0-387-18138-5 Springer-Verlag New York Berlin Heidelberg

CIP-Kurztitelaufnahme der Deutschen Bibliothek:
Umweltprobenbank: Bericht u. Bewertung d. Pilotphase /
BMFT, Bundesministerium für Forschung u. Technologie. -
Berlin ; Heidelberg ; New York ; London ; Paris ; Tokio : Springer 1988
ISBN 3-540-18138-5 (Berlin ...) brosch.
ISBN 0-387-18138-5 (NewYork ...) brosch.

NE: Deutschland <Bundesrepublik> / Bundesminister für Forschung und Technologie

Fotosatz: Brühlsche Universitätsdruckerei, Gießen
Offsetdruck: Saladruck, Berlin
Bindearbeiten: Lüderitz & Bauer, Berlin
2152/3020-543210

Autorenverzeichnis

Ballschmiter, Karlheinz
Abteilung Analytische Chemie
Universität Ulm
Oberer Eselsberg 0–26
7900 Ulm

Bertram, Hans Peter
Institut für Pharmakologie
und Toxikologie
Westfälische Wilhelms-Universität
Domagkstr. 12
4400 Münster

Bettin, Ulrich
Institut für Hygiene
Bundesanstalt für Milchforschung
Hermann-Weigmann-Str. 1–27
2300 Kiel

Bischof, Wolfgang
Institut für Experimentalphysik
Ruhr-Universität
Universitätsstr. 150
4630 Bochum 1

Blüthgen, Albrecht
Institut für Hygiene
Bundesanstalt für Milchforschung
Hermann-Weigmann-Str. 1–27
2300 Kiel

Boehringer, Ulrich Robert
Fachgebiet Biozide Wirkstoffe,
Umweltprobenbank
Umweltbundesamt
Bismarckplatz 1
1000 Berlin 33

Dettbarn, Gerhard
Biochemisches Institut für
Umweltcarcinogene
Lurup 4
2070 Großhansdorf

Dürbeck, Hans Werner
Institut für angewandte
physikalische Chemie
Kernforschungsanlage Jülich
5170 Jülich

Ebing, Winfried
Institut für Pflanzenschutz-
mittelforschung
Biologische Bundesanstalt für
Land- und Forstwirtschaft
Königin-Luise-Str. 19
1000 Berlin 33

Eckard, Rolf
Institut für Pharmakologie
und Toxikologie
Westfälische Wilhelms-Universität
Domagkstr. 12
4400 Münster

Fränzle, Otto
Geographisches Institut der
Christian-Albrechts-Universität
Olshausenstr. 40/60
2300 Kiel

Gebefügi, Istvan
Institut für ökologische Chemie
Gesellschaft für Strahlen- und
Umweltforschung mbH, München
Ingolstädter Landstr. 1
8042 Neuherberg

Gonsior, Bernhard
Institut für Experimentalphysik
Ruhr-Universität
Universitätsstr. 150
4630 Bochum 1

Grimmer, Gernot
Biochemisches Institut für
Umweltcarcinogene
Lurup 4
2070 Großhansdorf

Heeschen, Walther
Institut für Hygiene
Bundesanstalt für Milchforschung
Hermann-Weigmann-Str. 1–27
2300 Kiel

Höfert, Manfred
Institut für Experimentalphysik
Ruhr-Universität
Universitätsstr. 150
4630 Bochum 1

Kemper, Fritz H.
Institut für Pharmakologie und
Toxikologie
Westfälische Wilhelms-Universität
Domagkstr. 12
4400 Münster

Korte, Friedhelm
Institut für ökologische Chemie
Gesellschaft für Strahlen- und
Umweltforschung mbH, München
Ingolstädter Landstr. 1
8042 Neuherberg

Krieg, Volker
Gerhard Domagk-Institut
für Pathologie
Westfälische Wilhelms-Universität
Domagkstr. 17
4400 Münster

Kuhnt, Gerald
Geographisches Institut der
Christian-Albrechts-Universität
Olshausenstr. 40/60
2300 Kiel

Lüpke, Niels-Peter
Institut für Pharmakologie
und Toxikologie
Westfälische Wilhelms-Universität
Domagkstr. 12
4400 Münster

Müller, Cornelia
Institut für Pharmakologie
und Toxikologie
Westfälische Wilhelms-Universität
Domagkstr. 12
4400 Münster

Müller, Paul
Fachrichtung Biographie
Universität des Saarlandes
6600 Saarbrücken

Nijhuis, Hermann
Institut für Hygiene
Bundesanstalt für Milchforschung
Hermann-Weigmann-Str. 1–27
2300 Kiel

Nürnberg, Hans-Wolfgang (†)
Institut für angewandte
physikalische Chemie
Kernforschungsanlage Jülich
5170 Jülich

Oxynos, Konstantin
Institut für ökologische Chemie
Gesellschaft für Strahlen- und
Umweltforschung mbH, München
Ingolstädter Landstr. 1
8042 Neuherberg

Raith, Burkhard
Institut für Experimentalphysik
Ruhr-Universität
Universitätsstr. 150
4630 Bochum 1

Reuter, Ulrich
Abteilung Analytische Chemie
Universität Ulm
Oberer Eselsberg 0–26
7900 Ulm

Schladot, Johann Dietrich
Institut für angewandte
physikalische Chemie
Kernforschungsanlage Jülich
5170 Jülich

Schneider, Dietmar
Biochemisches Institut für
Umweltcarcinogene
Lurup 4
2070 Großhansdorf

Stoeppler, Markus
Institut für angewandte
physikalische Chemie
Kernforschungsanlage Jülich
5170 Jülich

Strupp, Dieter
Institut für Pflanzenschutzmittel-
forschung
Biologische Bundesanstalt für
Land- und Forstwirtschaft
Königin-Luise-Str. 19
1000 Berlin 33

Wagner, Gerhard
Fachrichtung Biogeographie
Universität des Saarlandes
6600 Saarbrücken

Wisniewski, Rainer
Gerhard Domagk-Institut
für Pathologie
Westfälische Wilhelms-Universität
Domagkstr. 17
4400 Münster

Vorwort

Schon Anfang der 70er Jahre, als in den Industriestaaten die Umweltpolitik eigenständige nationale und internationale politische Aufgabe wurde, ist diesseits und jenseits des Atlantiks die Idee geäußert worden, biologische Proben als Referenzmaterial für den Nachweis der Umweltbelastung früherer Zeiten zu nutzen.

Die Väter der Idee, darunter vor allem Frederick Coulston, Albany Medical College, Albany NY, und Friedhelm Korte, Gesellschaft für Strahlen- und Umweltforschung, München, erkannten bald, daß ein Rückgriff auf naturkundliche Sammlungen von Gräsern, Schmetterlingen, Vogeleiern oder Fischen keine gültigen Rückschlüsse auf frühere Belastungen zulassen, da weder Konservierungs- noch Lagerungsmethoden auf das Ziel einer rückschauenden Untersuchung angelegt waren.

In der Bundesrepublik ergriff der Bundesminister für Forschung und Technologie 1975 die Initiative und förderte das „Pilotprojekt Umweltprobenbank". Die in der Bank aufbewahrten Proben sollen sowohl Auskunft über Konzentrationen von Umweltchemikalien in der Vergangenheit als auch auf Grund dann möglicher Trendaussagen Auskunft über künftige Belastungen geben. Das Pilotprojekt war so erfolgreich, daß die Bundesregierung im Jahre 1985 die Umweltprobenbank als permanente Einrichtung unter Leitung des Umweltbundesamtes geschaffen hat.

Die Durchführung des Pilotprojektes war eine multidisziplinäre Aufgabe, an der Biologen, Chemiker, Mediziner, Bodenkundler sowie Tiefkühlungs- und EDV-Spezialisten zusammenwirkten.

Dem Bundesminister für Forschung und Technologie, dem Bundesminister für Umwelt, Naturschutz und Reaktorsicherheit und allen am Pilotprojekt beteiligten Gruppen und Gutachtern sei für ihren Einsatz gedankt.

Dr. Heinrich von Lersner
Präsident des Umweltbundesamtes

Inhaltsverzeichnis

I

Umweltprobenbank —
Darstellung und Bewertung der Pilotphase
durch den Projektträger

Umweltprobenbank –
Darstellung und Bewertung der Pilotphase
durch den Projektträger

U. R. Boehringer

Inhalt

1 Einleitung

Bald nach Beginn der industriellen Revolution, etwa um 1850, erfolgte die Herstellung von Chemikalien in immer größerem Umfang. Als Hauptprodukte waren es erst Farbstoffe und Düngemittel, diesen folgten Arznei- und Pflanzenschutzmittel, später Mineralölprodukte und Kunststoffe. Heute befinden sich etwa 100 000 Chemikalien im Handel. Zu diesen kommen etwa 1 000 neue Chemikalien jährlich hinzu.

Über das Verhalten der Mehrzahl dieser Chemikalien in der Umwelt wissen wir nichts. Bei all dem Nutzen dieser Stoffe in der Anwendung bleiben verschiedene Fragen unbeantwortet: Wo verbleiben diese Stoffe und wo reichern sie sich an? Welche Langzeitwirkung haben sie auf Mensch und Umwelt? Zu welchen anderen Stoffen werden sie umgewandelt und in welcher Zeit? Entstehen auch toxische Substanzen, welche wiederum stabil sind?

Sicherlich wird der Großteil dieser Stoffe durch die Einwirkungen von Wasser, Sauerstoff, Sonnenlicht und vor allem durch biologische Systeme chemisch umgewandelt und oft vollständig abgebaut. Ein nicht unerheblicher Teil der in die Umwelt gelangenden Chemikalien wird jedoch gar nicht oder nur sehr langsam abgebaut.

Viele Stoffe bzw. deren Umwandlungsprodukte erweisen sich als schädlich für Mensch und Umwelt erst nach jahre- oder jahrzehntelanger Anwendung. Es ist somit unsere Aufgabe, möglichst frühzeitig die von ihnen ausgehenden Bedrohungen zu erkennen und abzuwenden. Durch Vorsorgemaßnahmen muß erreicht werden, daß diese Stoffe sich nicht zu Konzentrationen anreichern, welche schädlich sind. Dies bedeutet, daß schon Anfangskonzentrationen erfaßt werden müssen, welche noch keine toxischen Wirkungen zeigen, und daß Voraussagen über diese Stoffe und deren Verhalten in der Umwelt getroffen werden müssen.

Anfang der 70er Jahre wurde die Frage nach biologischen Proben aus früherer Zeit immer dringlicher geäußert, da man sich mit Hilfe dieser Proben eine bessere Voraussage über künftige Belastungen durch Chemikalien erhoffte. Eine Prüfung Hunderter naturkundlicher Sammlungen erwies sich für diese Zwecke als ungeeignet, da weder Konservierungs- noch Lagerungsbedingungen noch ausgewiesene Sammelgebiete einen Rückschluß auf die Situation zur Zeit der Probenahme zuließen. Andere vergleichbare Archive existieren nicht.

Diese Erkenntnis führte sowohl diesseits als auch jenseits des Atlantiks zu der Forderung, Sammlungen aufzubauen, welche biologische Proben und Bodenproben aus der Jetztzeit künftigen Generationen möglichst unverändert überliefern, um ihnen Belege für neue Fragestellungen in die Hand zu geben.

Die Proben in solch einer Sammlung, Umweltprobenbank genannt, können für folgende Aufgaben herangezogen werden:

– In ihnen können Umweltkonzentrationen von Stoffen bestimmt werden, welche zur Zeit der Einlagerung noch nicht als Schadstoffe erkannt waren oder welche sich noch nicht mit ausreichender Genauigkeit analysieren ließen (retrospektive monitoring).
– Sie können als Referenzproben dienen zur Dokumentation der analytischen Leistungsverbesserung und zur Nachprüfung früher erhaltener Monitoringergebnisse.
– Als authentisches Material aus der Vergangenheit ermöglichen sie für alle Stoffe die Aufstellung von Trendanalysen, welche sowohl für die Abschätzung der Gefährlichkeit eines Schadstoffes als auch für die Erfolgskontrolle eingeleiteter Beschränkungs- oder Verbotsmaßnahmen unerläßlich sind.
– Sie ermöglichen die Nachprüfung der Exposition neuer Stoffe, welche vor ihrem Inverkehrbringen nur abgeschätzt werden können.
– Sie ermöglichen den Einstieg in eine flächendeckende Umweltbeobachtung.

Ob solch eine Bank realisierbar ist, sollte in einem Pilotprojekt geprüft werden, d. h. folgende Fragestellungen mußten u. a. bearbeitet werden:
– Welche Proben sind geeignet?
– Wie müssen die Proben gewonnen werden?

– Welche Mengen werden für eine Analyse benötigt?
– Welche Lagerungsbedingungen sind notwendig?
– Welcher Mindestaufwand ist erforderlich?

Zur Lösung dieser und vieler anderer Fragen mußten etliche Fachdisziplinen zusammenarbeiten, wie z. B. Mediziner, Chemiker, Biologen, Physiker, Bodenkundler, Statistiker, Tieftemperatur- und Reinstraumtechniker.

Im Hinblick auf die wichtigen Fragen eines Systems zur Umweltbeobachtung und dessen Entwicklung hat der Bundesminister für Forschung und Technologie (BMFT) auf Anregung des Umweltbundesamtes [1, 2] dieses Problem aufgegriffen und das Pilotprojekt Umweltprobenbank mitgeplant und gefördert. Dabei wurde ein stufenweises Vorgehen gewählt, um sicherzustellen, daß gewonnene Erfahrungen jeweils in die weitere Entwicklung einfließen.

Im einzelnen umfaßte das Projekt folgende Phasen:

  (I) Vorphase (1976–1978)
 (II) Planung und Errichtung der Lagerungsstätten, Voruntersuchung der Probenarten (1979–1981), Teil 1 der Pilotphase
(III) Sammlung und laufende Analytik der Proben und Erprobung des Bankbetriebes (1981–1984), Teil 2 der Pilotphase

2 Vorphase (I)

In den Jahren 1976 bis 1978 wurde eine Vorphase des Umweltprobenbankprojektes durchgeführt, deren Ergebnisse in der Schriftenreihe „Umweltprobenbank" veröffentlicht sind [3, 4]. Die neun F + E-Vorhaben dieser Phase (Tabelle 1 der Anlage) wurden vom BMFT gefördert und vom Umweltbundesamt (UBA) betreut. Eine vom Bundesminister des Innern (BMI) geförderte Studie über Einsatzmöglichkeiten einer Umweltprobenbank ergänzte diese Vorphase. Zur Planung des Pilotprojektes wurde 1978 vom BMFT ein ad hoc-Ausschuß „Umweltprobenbank" einberufen, welcher im Anschluß an die Ausschreibung zur technischen und organisatorischen Erprobung einer Umweltprobenbank mehrfach tagte und Empfehlungen für Probenauswahl, Schadstoffauswahl, diverse Lagerungsarten, Analytik, Durchführung usw. gab.

3 Ziele und Aufgaben der Pilotphase (II und III)

In dem Pilotprojekt sollten folgende Eckwerte ermittelt werden:

– Wissenschaftliche und technische Möglichkeiten für die Errichtung einer Probenbank
– Organisation und Logistik
– Arbeitsaufwand und damit Kosten für Probenahme, Transport, Aufarbeitung, Analytik und Lagerung von Proben
– Dokumentation und Aufbereitung der Daten.

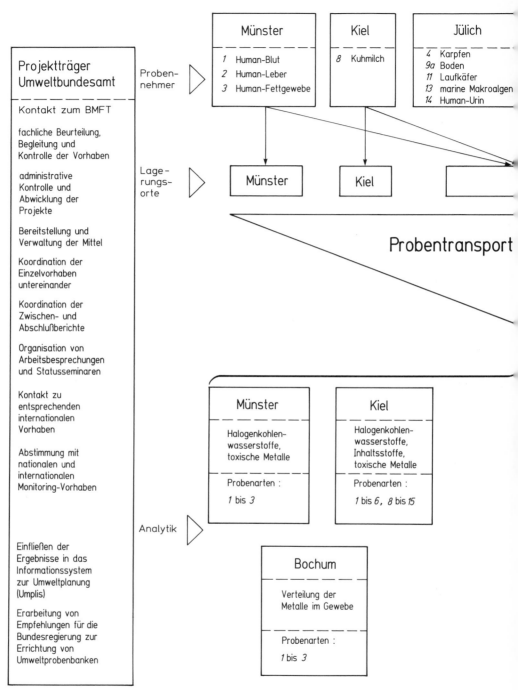

Organisationsschema des Forschungsprojekts „Pilot-Umweltprobenbank" des Bundesministers für Forschung und Technologie (BMFT)

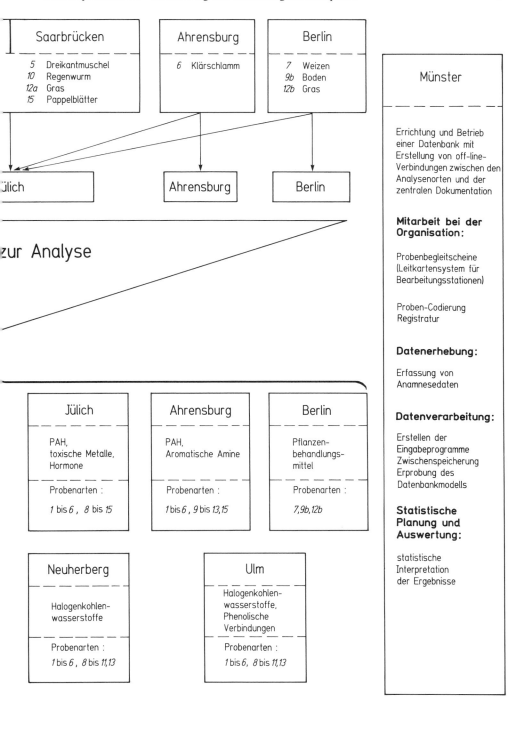

Am Ende der Pilotphase sollten die Ergebnisse des Projektes (Teil III) von einem Bewertungsausschuß beraten und Empfehlungen für das weitere Vorgehen und den Aufbau einer Probenbank der Bundesregierung vorgelegt werden.

4 Verteilung der Aufgaben

Die Komplexität der Fragestellungen war sehr groß und konnte von einer einzelnen Forschergruppe nicht gelöst werden. So begann das Pilotprojekt mit zehn F + E-Vorhaben, von denen neun vom BMFT und eines vom BMI gefördert wurden.

Die Vorhaben deckten schwerpunktmäßig die Aufgaben Probenahme, Lagerung, Analytik, Logistik und Datenverarbeitung ab. Gerade die aufwendige Analytik im Spurenbereich machte es erforderlich, daß die Proben in verschiedenen Laboratorien untersucht wurden, da keines über die Erfahrungen verfügt, alle Stoffklassen exakt zu analysieren.

Ein detailliertes Organisationsschema zeigt Abb. 1.

Der hierzu erforderliche jährliche Finanzaufwand steigerte sich von ca. 2,5 auf ca. 4,5 Mill. DM. Seit seinem Beginn wurde das Projekt um zwei Studien zur Bodenprobenauswahl und um zwei F + E-Vorhaben zur Sammlung und Lagerung von Luftinhaltsstoffen erweitert. Der bisherige Gesamtaufwand für das Projekt bis einschließlich 1984 beträgt ca. 22,6 Mio. DM (Anlagen 1 und 2).

5 Umweltbundesamt als Projektträger

Für das Pilotprojekt wurde das Umweltbundesamt (UBA) mit der Projektträgerschaft betraut. Es hatte folgende Aufgaben wahrzunehmen (vgl. Abb. 1):

- fachliche Beurteilung, Begleitung und Kontrolle der Vorhaben
- administrative Kontrolle und Abwicklung des Vorhabens
- Bereitstellung und Verwaltung der Mittel
- Koordination der Einzelvorhaben untereinander
- Koordination der Zwischen- und Abschlußberichte
- Organisation von Arbeitsbesprechungen und Statusseminaren.

Zusätzlich mußte das Umweltbundesamt Kontakte zu entsprechenden internationalen Vorhaben herstellen und eine Abstimmung mit nationalen und internationalen Monitoring-Vorhaben herbeiführen. In diesem Rahmen wurden sowohl mit den USA als auch mit Japan regelmäßig Sitzungen abgehalten, um eine enge Abstimmung und einen regen Erfahrungsaustausch mit den in den jeweiligen Ländern bestehenden Umweltprobenbank-Programmen sicherzustellen.

6 Verfahrensmerkmale

6.1 Probenauswahl

Für die Pilotphase der Umweltprobenbank stand zunächst eine Vielzahl von Probenarten zur Diskussion (s. Tabelle 1). Die Auswahl daraus wurde unter folgenden Gesichtspunkten getroffen:

1. Erfassung möglichst unterschiedlicher Bereiche der Umwelt
2. Beispielhafter Charakter
   Damit sollte aber die Auswahl für eine spätere Hauptbank nicht präjudiziert sein.
3. Verschiedenartigkeit
   Die Proben sollten unterschiedliche Matrices darstellen, um daran die Homogenisierungs-, Lagerungs- und Analysentechnik zu studieren.
4. Begrenzte Zahl
   Es standen nur begrenzte Mittel und Kühl- sowie Analysenkapazitäten zur Verfügung.
5. Zugänglichkeit
   Eine Probenart mußte leicht zugänglich und auch in ausreichender Menge vorhanden sein.
6. Nahrungskette
   Wenn möglich, sollten die Spezies unterschiedlichen Stufen der Nahrungskette angehören.

Tabelle 1. Liste der diskutierten Probenarten

Humanbereich

Leber	Knochen	Nägel
Niere	Blut	Hornhaut
Fettgewebe	Urin	Babyzähne
Lunge	Faeces	Nervengewebe
Gehirn	Sperma	Arterien
Placenta	Frauenmilch	Venen

Aquatischer Bereich

a) *Süßwasser*	b) *Meerwasser*
Wasserprobe	Wasserprobe
Sediment	Sediment
Forelle	Auster
Karpfen	Butt
Dreikantmuschel	Miesmuschel
Klärschlamm	Algen

Terrestrischer Bereich

Boden	Gras	Regenwurm
Weizen	Moos	Kuhmilch
Gerste	Flechte	Honig
Sojabohnen	Laufkäfer	Luftfilter

Unter diesen Voraussetzungen wurden dreizehn Probenarten ausgewählt, wofür jeweils eine kurze Begründung angegeben sei.

1. *Humanblut*. Vollblut für anorganische Stoffe; Serum für organische Stoffe. Es ist ein Indikator für die aktuelle Schadstoffbelastung. Folgende Gründe sprechen dafür:
   - Es stellt als Körperflüssigkeit einen speziellen Matrixtyp dar.
   - Es ist leicht verfügbar und kostet wenig.
   - Es kann von Lebenden genommen werden, und zwar wiederholt von derselben Person über Jahre oder gar Jahrzehnte hinweg.

2. *Humanleber*. Die Leber ist ein Organ, in dem viele anorganische und organische Schadstoffe metabolisiert und angereichert werden. Man erhält genügend Probenmaterial aus einer individuellen Probe. In ihr liegt nach amerikanischen Angaben eine homogene Spurenelementverteilung vor im Gegensatz zur Niere.

3. *Humanfettgewebe*. Das Fettgewebe ist das Hauptdepot für lipophile Substanzen. Es steht in ausreichender Menge zur Verfügung und zeigt eine homogene Schadstoffverteilung.

4. *Karpfen*. Fische sind ein wichtiges Glied der Nahrungskette. Der Karpfen (*Cyprinus carpio*) wurde gewählt, weil im japanischen Recht (Law Concerning the Examination and Regulation of Manufacture, etc., of Chemical Substances – 1973, Law No. 117) dieser Fisch als Testfisch für Chemikalien vorgeschrieben ist. Hinzu kommt, daß diese Spezies leicht züchtbar ist.

5. *Dreikantmuschel*. Die Süßwassermuschel (*Dreissena polymorpha*) ist weit verbreitet und in großer Zahl vorhanden. Sie ist genetisch eindeutig definierbar, so daß hier die genaue und genetische Identifikation der Proben exemplarisch erprobt werden kann.

6. *Marine Makroalge*. Aus dem wichtigen marinen Bereich war bisher keine Spezies aufgenommen worden. Da aus dem Süßwasserbereich bereits eine Fischart und eine Muschelart gewählt worden waren, entschied man sich zusätzlich für die marine Makroalge. Sie ist bekannt als Akkumulator für Schwermetalle und Organohalogenverbindungen. Mit der Wahl dieser Probenart werden neue lagerungstechnische und analytische Probleme erfaßt. Als Spezies wird die Braunalge (*Fucus vesiculosus*) gesammelt.

7. *Klärschlamm*. Klärschlamm ist ein Sammelbecken für die anthropogene Umwelt und zählt zu den Akkumulatoren für die wäßrige Phase. Er ist in seiner Zusammensetzung zumindest für einige Stoffklassen, z. B. PAH, erstaunlich konstant, unabhängig von Herkunft und Jahreszeit.

8. *Weizen*. Weizen wird weltweit angebaut und ist eines der Grundnahrungsmittel der Menschheit. Als Probe weist er auf Verunreinigungen sowohl der Luft als auch des Bodens hin.

9. *Kuhmilch*. Die Kuhmilch ist ein wesentlicher Bestandteil der Nahrungskette. Sie ist eine interessante Matrix mit unbekannten Problemen bei der Langzeitlagerung.
Fett und wäßrige Phase kann man getrennt auf lipophile und hydrophile Stoffe untersuchen.

10. *Boden.* Auf den Boden fallen die Staubniederschläge, durch ihn passiert der Regen, in ihm leben vor allem Mikroorganismen. Er hat Filter-, Akkumulations- und Abbaufunktion. Da es eine Vielzahl von Böden gibt, ist die Wahl besonders schwierig. Zwei Studien mit den Themen *Kriterien für die Festlegung der für die Umweltprobenbank auszuwählenden Böden* und *Regional repräsentative Auswahl der Böden für eine Umweltprobenbank* wurden zur Unterstützung der Arbeiten angefertigt.

11. *Regenwurm.* Sowohl der Regenwurm als auch der als nächstes angeführte Laufkäfer sind Indikatoren für den Boden. Der Regenwurm ist weit verbreitet. Er kann z. B. größere Mengen an Blei in seinen Chloragogenzellen speichern. Als Spezies wurde der *Lumbricus rubellus* ausgewählt.

12. *Laufkäfer.* Da der Laufkäfer nicht in, sondern auf dem Boden lebt, spiegelt er die Grenzfläche Luft/Boden wider. Seine anders geartete Matrix verlangt eine andere Analysentechnik als die des Regenwurms. Ausgewählt wurde der *Carabus auratus* (= Goldlaufkäfer/Goldschmied). Inzwischen fallen alle Carabiden unter das Artenschutzgesetz, so daß künftig diese Spezies entfallen.

13. *Gras.* An sich sollte man auf die auf Chemikalien hoch empfindlich reagierenden Moose und Flechten zurückgreifen. Doch wegen ihrer Empfindlichkeit trifft man sie nicht mehr überall an. So sind Innenstadtbereiche oft reine Flechtenwüsten.
Für Gras besteht ein in Nordrhein-Westfalen erprobtes Analysenverfahren, welches das vielblütige Weidelgras (*Lolium multiflorum* LAM) einsetzt. Die Verfahrensvorschrift ist in der VDI-Richtlinie 3792 Blatt 1 von 1978 beschrieben. Es ist ein Verfahren der standardisierten Graskultur zur Messung der Wirkdosis.

Es bestand Einigkeit, daß nur gewachsene und keine präparierten Proben eingesetzt werden sollten.

Weitere Probenarten wie Humanharn und Pappelblätter kamen im Laufe des Programms hinzu. Die Sammlung von Luftinhaltsstoffen an geeignetem Absorbermaterial wurde ebenfalls in das Pilotprogramm aufgenommen.

Nicht alle Proben erwiesen sich nach Abschluß des Projektes als geeignet. Einzelangaben dazu sind im Teil III bei der zusammenfassenden Beurteilung ausgeführt.

6.2 Probenahme

Die Probenahme erfolgte nach ökologischen, geographischen, organisatorischen, finanziellen u. a. Gesichtspunkten, die Methode der Probengewinnung nach den analytischen Erfordernissen. Der Probenehmer arbeitete an der Identifizierung der Probe mit, d. h. er erstellte die Anamnese jeder Probe und gab die Daten an die Datenverarbeitungsstelle. Die Probe wurde ins Zentrallager überführt. Soweit der Probenehmer über ein Parallellager verfügt, hat er einen Teil der Proben bei sich aufbewahrt.

Die Probengewinnung gestaltet sich je nach Probenart sehr unterschiedlich. Eine generelle Vorgehensweise konnte für die stark differierenden Probenarten nicht gefunden werden. Dies war auch nicht zu erwarten, die Probenauswahl wur-

Tabelle 2. Pilot-Umweltprobenbank – Verteilung der analytischen Arbeiten

Probenart	Stoffklasse (Identifikations-Nr.)									
	Halogen-kohlen-wasser-stoffe (1)	Pesticide (2)	PAHs (3)	Aromati-sche Amine (4)	Phenolische Verbindun-gen (Penta-, Trichlor-phenol) (5)	Ungesät-tigte Fettsäuren (6)	Hormone und Steroide (7)	Ascorbin-säure (8)	Toxische Metalle und Verbindun-gen (Pb, Cd, Hg) (9)	Metalle in nicht homo-genisiertem Gewebe (0)
(1) Humanblut	GSF Ulm Münster Kiel		Ahrensberg		Ulm		KFA	Kiel	KFA	Bochum
(2) Human-leber	GSF Ulm Münster Kiel		Ahrensburg		Ulm	Kiel	KFA	Kiel	KFA Kiel Münster	Bochum
(3) Humanfett-gewebe	GSF Ulm Münster		Ahrensburg		Ulm	Kiel	KFA		KFA	Bochum
(4) Karpfen	GSF Ulm Kiel		Ahrensburg		Ulm	Kiel		Kiel	KFA Kiel	
(5) Dreikant-Muschel	GSF Ulm		Ahrensburg		Ulm				KFA	
(6) Klär-schlamm	GSF Ulm		Ahrens-burg	Ahrens-burg	Ulm				KFA	
(7) Weizen		BBA								
(8) Kuhmilch	GSF Ulm				Ulm	Kiel	KFA	Kiel	KFA Kiel	

Probe	GSF / Ulm	BBA	Ahrensburg	Ulm	KFA
(9) Boden a) Jülich b) Berlin	GSF Ulm	BBA	Ahrensburg	Ulm	KFA
(10) Regen-wurm	GSF Ulm		Ahrensburg	Ulm	KFA
(11) Lauf-käfer	GSF Ulm		Ahrensburg	Ulm	KFA
(12) Gras a) Jülich b) Berlin	GSF Ulm	BBA	Ahrensburg	Ulm	KFA
(13) Marine Macroalgen Ulm	GSF Ulm		Ahrensburg	Ulm	KFA
(14) Human-Urin					KFA
(15) Pappel-blätter			Ahrensburg		KFA

Ahrensburg: Biochemisches Institut für Umweltcarcinogene
BBA: Biologische Bundesanstalt für Land- und Forstwirtschaft, Berlin
Bochum: Ruhr-Universität Bochum
GSF: Gesellschaft für Strahlen- und Umweltforschung mbH, München
KFA: Kernforschungsanlage Jülich GmbH
Kiel: Institut für Hygiene der Bundesanstalt für Milchforschung
Münster: Institut für Pharmakologie und Toxikologie der Westfälischen Wilhelms-Universität
Ulm: Universität Ulm

de ja gerade im Hinblick auf die großen Unterschiede getroffen. Eine Einzelbeschreibung der Probenahme steht in den Forschungsberichten. Für jede Probenart wurde die spezielle Probenahme entwickelt und in einer technischen Beschreibung der Probenahme niedergelegt.

6.3 Lagerung

Eine einheitliche, optimale Lagerung für alle zu analysierenden Stoffklassen und alle Probenarten wird es nicht geben. Es war daher die Aufgabe, die besten individuellen Lagerungsmethoden herauszufinden. Deshalb wurden unterschiedliche Lagerungsbedingungen zwischen den Lagerstätten oder innerhalb einer Lagerstätte untersucht. Zwei Hauptkonzepte wurden in dem Pilotprojekt erprobt.

Die Zentrallagerstätte bei der Kernforschungsanlage (KFA) in Jülich lagert die Proben über flüssigem Stickstoff. In den Standgefäßen besteht ein stabiler Temperaturgradient zwischen $-150\,°C$ und $-190\,°C$.

Das andere Konzept wurde in Münster verwirklicht: Eine begehbare Tiefkühlzelle bei einer Lagerungstemperatur von $-80\,°C$.

Weder die eine noch die andere Methode ließ lagerungstemperaturbedingte Veränderungen der Inhaltsstoffe während der Pilotphase erkennen. Nach Erfahrungen der Lebensmitteltechnologie sind auch Veränderungen bei Temperaturen unter $-70\,°C$ nicht zu erwarten. Allerdings liegen Langzeituntersuchungen, d. h. über mehr als fünf Jahre, nicht vor.

Für die Lagerräume ergibt sich somit, daß je nach örtlicher Lage die Kompressorkühlung ($-80\,°C$) oder die Lagerung über flüssigem Stickstoff ($-150\,°C$ bis $-190\,°C$) kostengünstiger sein kann. Andere Faktoren wie die Optimierung der Reinraumbedingungen oder Führung des Stickstoffs im Kreislauf zur Minderung der Verluste sind erst in künftigen Bauten zu realisieren.

6.4 Analytik

Analytik und Probenhaltbarkeit sind eng verbunden. Die Analytik hatte zwei Zielrichtungen: Erstens sollte geprüft werden, wie lange sich verschiedene Stoffe in den Proben halten und zu welchen Verbindungen sie metabolisiert werden. Das Spektrum sollte von empfindlichen Stoffen, z. B. Ascorbinsäure, bis zu unempfindlichen, wie den Organohalogenverbindungen, reichen. Dabei sollte mit der verfügbaren Analysentechnik geklärt werden, welche Lagerungsmethode am besten ist. Um in dem Spuren- und Ultraspurenbereich reproduzierbare Werte zu ermitteln und die Haltbarkeit bestimmter Inhaltsstoffe zu verfolgen, erwies es sich vielfach als notwendig, die Analytik entscheidend zu verbessern. Zweitens mußte die Analytik weiterentwickelt werden, um mit kleineren Probenmengen auszukommen. Denn dies ermöglicht künftig bei gleicher Lagerkapazität eine größere Probenzahl.

Wenn man die optimalen Lagerungsarten gefunden hat, kann man annehmen, daß auch Analysen auf heute noch unbekannte Stoffe später möglich sind. Während bei den organischen Stoffen die Haltbarkeit die größte Rolle spielt, muß bei den anorganischen Stoffen die Migration aus dem Probenbehälter in die Probe oder umgekehrt beachtet werden.

Tabelle 2 zeigt, auf welche Schadstoffe hin die ausgewählten Probenarten analysiert wurden.

7 Aufnahme des Pilotprobenbankbetriebes

Zwei Hauptaufgaben bestanden zu Beginn des Bankbetriebes:

- Errichtung der Lagerungsgebäude
- Klärung der Frage, in welchen Konzentrationsbereichen die Schadstoffe liegen, welche in diversen Matrices untersucht werden sollen.

Der zweite Anstrich war insofern wichtig, als man zu Beginn nicht wußte, welche Probenmengen man einlagern mußte, um in dem vorgesehenen Umfang Stabilitätsuntersuchungen durchführen zu können.

Hierzu wurden einmalig Proben gewonnen, um zu ermitteln, in welchem Konzentrationsbereich die festgelegten Inhaltsstoffe sich befinden. Aufgrund dieser Voruntersuchungen wurde auf einer Arbeitsbesprechung die Menge und Portionierung der für das Pilotprojekt einzulagernden Proben festgelegt.

Nach Fertigstellung der Lagerungsgebäude in Münster und Jülich wurde in der Vegetationsperiode 1981 die Einlagerung der ausgewählten Proben durchgeführt.

Die Proben wurden über mindestens zwei Jahre in regelmäßigen Abständen Analysen unterworfen, um festzustellen, wie weit die Lagerung Einfluß auf die Inhaltsstoffe hat und wie weit eine Reproduzierbarkeit der Analysenergebnisse möglich ist.

Die unterschiedlichen Systeme der Lagerung in Jülich (über flüssigem Stickstoff) und in Münster (begehbare Tiefkühlzelle) waren schon erwähnt. Weitere Satellitenbanken wurden in Kiel, Ahrensburg und Berlin eingerichtet. Es galt hier, Bewährungsproben für die o. g. Systeme in reduziertem Maße durchzuführen. In Kiel wurde analog Jülich (und in kleinerem Umfang in Münster) über flüssigem Stickstoff gelagert, in Ahrensburg und Berlin und teilweise in Jülich wurden Tiefkühltruhen eingesetzt.

Während in Kiel einmal durch Wasserkondensation die Stickstoffzufuhr unterbrochen wurde und in einer Blitzaktion die Umschichtung der Proben in ein anderes Lagerungsgefäß erforderlich machte, zeigten die mit Kompressoren angetriebenen Tiefkühltruhen öfters Ausfälle.

Dies ist sicherlich auch darauf zurückzuführen, daß man fast ständig an der Leistungsgrenze dieser Kühlgeräte arbeitete, zeigt aber deutlich, daß dieses System nur dann eingesetzt werden sollte, wenn – wie in Münster – ein oder mehrere Ersatzkühlaggregate zur Verfügung stehen. Jede Tiefkühltruhe muß für eine langfristige gesicherte Lagerung ein Reserveaggregat haben, welches automatisch anspringt, wenn das Hauptaggregat ausfällt oder eine ungenügende Leistung erbringt.

Erreichte Ziele

Eine zusammenfassende Beurteilung des Pilotprojektes aus wissenschaftlicher Sicht wird im dritten Teil dieses Berichtes nach den Abschlußberichten zu den Einzelvorhaben gegeben.

Während der Laufzeit des Pilotprojektes wurden folgende Ziele erreicht:

– Standardisierung der Probenahme (technische Beschreibung der Probenahme
  liegt vor)
– Ausarbeitung des matrixabhängigen Vorgehens bei der Schadstoffanalyse in
  den diversen Probenarten
– Aufnahme des Pilotbankbetriebes
– Ermittlung des minimal notwendigen Probenvolumens, welches für die Analy-
  senergebnisse benötigt wird
– Ermittlung geeigneter Behältermaterialien und -verschlüsse
– Standardisierung der kontaminationsfreien Homogenisierung diverser Proben-
  arten
– Organisation der Tiefkühlkette von der Probenahme zur Lagerstätte und von
  dort zum Analytiker
– Organisation der datenmäßigen Erfassung der Proben und der Analysenergeb-
  nisse
– Sammlung erster Erfahrungen über die Zweckmäßigkeit unterschiedlicher La-
  gerungsarten und -temperaturen in Abhängigkeit von den zu untersuchenden
  Schadstoffklassen
– Aufstellung von Organisationsplänen für die Probenahme, die Einlagerung, die
  Entnahme, den Transport und die Analytik von Proben.

Die Hauptfrage, ob Inhaltsstoffe auch empfindlicher Art über längere Zeiträume unverändert bleiben, konnte in dem Pilotprojekt positiv beantwortet werden. Es zeigte sich, daß eine Lagerungsstabilität der Inhaltsstoffe in biologischen
Proben unter den Bedingungen der Tiefstkühlung bei mindestens minus 80 °C gewährleistet ist. Für jede neue Probenart, welche hinzugefügt wird, muß aber die
Analytik entwickelt und die Lagerungsstabilität überprüft werden, ehe eine end-
gültige Entscheidung über eine Einlagerung in eine Probenbank gefällt werden
kann.

Zur Abstützung des Pilotprojektes wurden die Ergebnisse des Pilotprojekts einem wiederum vom BMFT einberufenen ad hoc-Ausschuß (Beratungszeitraum
Dezember 1982 bis November 1983) zur Bewertung vorgelegt. Sein abschließen-
des Votum ist im folgenden wiedergegeben:

– Für eine umfassende Umweltbeobachtung ist die Errichtung einer Umweltprobenbank unabdingbar, da hiermit künftig über ein Instrument zur retrospektiven Feststellung von Schadstoffbelastungen verfügt wird.
– Die technischen und wissenschaftlichen Ergebnisse des Pilotprojektes rechtfer-
  tigen die Errichtung einer Probenbank als Dauereinrichtung.
– Die Einlagerung repräsentativer Umweltproben sollte in der Anfangsphase bis
  zu 30 Probenarten umfassen und stufenweise aufgebaut werden.
– Die Umweltproben sollen sowohl den Human- als auch den terrestrischen und
  den aquatischen Bereich abdecken, Luftinhaltsstoffe sind ebenfalls zu sam-
  meln.
– Die Lagerung eines Teiles der Proben sollte bei mindestens -60 °C erfolgen,
  da sonst keine zersetzungsfreie Lagerung gewährleistet ist. Für den anderen
  Teil der Proben sollte die Lagerung unter weniger aufwendigen Bedingungen,

z. B. gefriergetrocknet oder sterilisiert, geschehen, da nicht alle retrospektiven Untersuchungen Proben benötigen, welche unter dem hohen Aufwand der Tiefgefrierlagerung aufbewahrt werden.

- Vom Zeitpunkt der Probenahme bis zur Einlagerung ist eine ununterbrochene Kühlkette sicherzustellen.
- Proben sollten parallel gelagert werden, um bei unvorhergesehenen Verlust auf eine Reserve zurückgreifen zu können.
- Ein Teil der Proben sollte homogenisiert, der andere nicht homogenisiert eingelagert werden.
- Die einzulagernden Proben sind auf die Leitchemikalien zu untersuchen. Alle darüber hinaus anfallenden Daten sind zu dokumentieren.
- Alle mit einer Probe verbundenen Informationen sind in einer Datenbank zu dokumentieren. Datenträger sollten parallel gelagert werden.
- Entsprechend dem Stand der Wissenschaft hat eine kontinuierliche Absicherung der Analytik durch stichprobenartige Vergleichsanalyse zu erfolgen (Qualitätskontrolle).
- Eine Umweltprobenbank sollte in ein Umweltbeobachtungsprogramm integriert werden, um die Aussagefähigkeit der Proben zu erhöhen.
- Zur Lösung neuer Fragestellungen und Weiterentwicklung der Analytik ist eine begleitende Forschungsförderung dringend erforderlich.
- Die im Rahmen des Pilotprojektes geknüpften Verbindungen zu Probenbankeinrichtungen in anderen Ländern müssen fortgesetzt werden, um eine möglichst parallele Einrichtung dieses Umweltinstrumentariums sicherzustellen, da nur auf diese Weise eine übergreifende Aussage über Belastungssituationen für jetzt und künftig möglich sein wird.

9 Internationaler Erfahrungsaustausch

In den Jahren 1977 [5], 1978 [6], 1982 [7] und 1983 [8] wurden internationale Tagungen abgehalten, um zu abgestimmten Programmen zur Errichtung von Probenbanken und zum Aufbau einer Schadstoffbeobachtung in Boden- und an biologischen Proben zu kommen.

Die erste Tagung 1977 [5] in Luxemburg kam zu dem Schluß, daß eine Beschränkung auf Humanproben eine umfassende Aussage über die Belastungssituation des Menschen durch Schadstoffe nicht zuließe. Deshalb wurde eine Erweiterung auf andere Bereiche gefordert, welche 1978 [6] in Berlin intensiv diskutiert wurde. Hier beschäftigte man sich vor allem mit der Auswahl biologischer Proben aus dem aquatischen und terrestrischen Bereich, mit ihrer Langzeitlagerung und mit den zu untersuchenden Schadstoffen.

Auf der Basis der bisher gesammelten Erfahrungen wurde der Mindestumfang von Probenbanken 1982 [7] in Saarbrücken erarbeitet, das Treffen 1983 [8] in den USA behandelte primär technische und analytische Fragestellungen.

Im Rahmen des Abkommens zwischen der amerikanischen Umweltschutzbehörde (EPA) und dem Bundesminister des Innern wurde 1975 ein "Memorandum of Understanding" über das gemeinsame Probenbankprogramm unterzeichnet.

Dies führte zu regelmäßigen Status- und Planungsseminaren diesseits und jenseits des Atlantiks.

10 Ausländische Probenbanken

Auch in anderen Staaten wird die Lagerung von Umweltproben erprobt bzw. schon längere Zeit durchgeführt. Dies erfordert eine Abstimmung bezüglich der Verfahren, Vergleichbarkeit der Daten und Abstimmung der Umweltrisiken. Die wichtigsten Einrichtungen bestehen in den USA, Kanada und Japan; weitere Banken sind in Schweden und in den Niederlanden.

10.1 USA

In USA besteht seit 1979 beim National Bureau of Standards eine zentrale Pilot-probenbank mit den entsprechenden Einrichtungen zur analytischen Präzisions-bestimmung diverser Inhaltsstoffe [8]. Gelagert werden Humanleber- und Mu-schelproben, als nächstes ist ein repräsentativer Querschnitt der Nahrungsmittel (Nahrungsmittelkorb) vorgesehen.

10.2 Kanada

In Kanada bestehen drei Probenbanken, welche je nach Zuständigkeit und Fra-gestellung unterschiedliche Probenarten lagern. Zwei sind beim Canada Centre for Inland Waters in Burlington (Ont.) und eine beim Canadian Wildlife Service [8] (CWS) in Ottawa (Ont.) eingerichtet. Die Banken in Burlington lagern gefrierge-trocknete Sedimentproben aus den Großen Seen bei Raumtemperatur und Fisch-, Plankton- und Krebsproben in Tiefkühltruhen bei $-80\,°C$. Die Bank beim CWS ist derzeit die größte Sammlung an Umweltproben (ca. 10 000 Einzel-proben) und bewahrt Proben seit Mitte der 60er Jahre auf. Die Lagerung erfolgt in begehbaren Tiefkühlzellen bei $-40\,°C$.

Gelagert werden Eier der Silbermöwe (*Larus argentatus*) und der Coho-Salm (*Oncorhynchus kisutch*) aus den Großen Seen, hinzu kommen je nach Region Or-gane vom Weißkopfseeadler (*Haliaeetus leucocephalus*), Nerz (*Mutela vison*), der Reiherart Great Blue Heron (*Ardea herodias*), vom Tölpel (*Morus bassanus*) und von Eisbären (*Thalarctos maritimus*).

10.3 Japan

Erste Schritte für die Errichtung einer Probenbank in Japan wurden 1980 getan.

Die japanische Umweltbehörde (EA) hat 1982 Aufträge an Universitäten ver-geben, um die Bedingungen für Langzeitlagerung von biologischem Material zu untersuchen und geeignete Probenarten (Indikatoren) auszuwählen.

In der Erprobungsphase werden von den Japanern mit Schadstoffen dotierte und keine natürlich gewachsenen Proben eingelagert. Als Probenarten werden at-mosphärischer Staub, Seewasser, Teichsedimente und aus der Biosphäre Pflan-zen, Fische, Schalentiere, Vögel, Menschenhaar und Humanblutserum gelagert und untersucht [6].

11 Bewertung der bisherigen Aktivitäten

Betrachtet man die Maßnahmen, welche die Erprobung der Umweltprobenbank zum Ziele hatten, so ist festzuhalten, daß biologische Proben als Dokumente eines früheren Zustandes archiviert werden können. Die Praktikabilität der einzelnen Schritte, wie Probenahme, Transport, Analytik und Lagerung, wurde nachgewiesen. Kühlsysteme sind nunmehr verfügbar, welche Veränderungen der Inhaltsstoffe in dem bisher getesteten Zeitraum ausschließen. Die datenmäßige Dokumentation sowohl der Proben als auch der Analysenergebnisse ist entwickelt. Diese Dokumentation verringert das Zurückgreifen auf Belegproben zu einem späteren Zeitpunkt auf einen geringstmöglichen Umfang, da man neue Fragen in vielen Fällen aufgrund des Datenmaterials beantworten kann. Dies ist wichtig, weil eine Analyse meist die Zerstörung der Probe bedeutet und damit deren Verlust.

Die im Pilotprojekt geschaffenen Einrichtungen der Lagerung und der standardisierten Spurenanalytik können als Basis für den Aufbau einer Umweltprobenbank auf Dauer dienen. Die Zusammenarbeit vieler Fachdisziplinen ist weiterhin notwendig, um optimale Ergebnisse zu erzielen.

In Einzelfragen, z. B. Homogenisierung größerer Probenmengen oder Auswahl weiterer Probenarten, sind auch zukünftig Forschungen nötig, zumal jede neue Probenart spezifische Probleme mit sich bringt. Die im Pilotprojekt geprüften Probenarten, welche bewußt sehr unterschiedlich ausgewählt waren, zeigen, daß praktikable Lösungen entwickelt werden können.

Die Ergebnisse des Pilotprojekts (s. auch Teil III) liegen vor und zeigen, daß eine Probenbank wissenschaftlich sinnvoll und technisch durchführbar ist. Einzelne, noch nicht abschließend behandelte Aufgaben können erst während des Betriebs der Probenbank gelöst werden.

Der Kontrolle von Luft und Wasser wird mit der Probenbank ein Kontrollorgan für Böden und Biota an die Seite gestellt. Neben den für den Umweltschutz federführenden Bundesministers des Innern (bis Juni 1986), anschließend Bundesminister für Umwelt, Naturschutz und Reaktorsicherheit, sind auch Aufgaben des Landwirtschafts- und des Gesundheitsministers berührt.

Die während des Pilotprojektes gesammelten Erfahrungen veranlaßten die Bundesregierung, den Betrieb einer Umweltprobenbank unter Leitung des Umweltbundesamtes ab 1985 aufzunehmen.

Die Errichtung der Umweltprobenbank gibt der Bundesregierung die Möglichkeit, künftig wesentlich fundiertere Aussagen zu bestehenden und bevorstehenden Belastungen durch Chemikalien machen zu können. Sie schafft sich damit ein Instrument, welches zur wirksamen Umweltvorsorge unerläßlich ist.

Anlage 1: Umweltprobenbank, Vorhaben der Vorpilotphase

Förder-Kennzeichen	Durchführende Stelle und Vorhabenleiter	Vorhabentitel	Laufzeit	Förderung in TDM
BMFT 14 UGB 001	Institut für Pharmakologie und Toxikologie der Westfälischen Wilhelms-Universität 4400 Münster F. H. Kemper	Cadmium-Belastung in der Umwelt; chronische organspezifische Toxizität halogenierter Kohlenwasserstoffe	01.03.1976 bis 30.06.1979	486
BMFT 14 UGB 002	Institut für Pharmakologie und Toxikologie der Philipps-Universität 3550 Marburg W. Koransky	Präkanzerogene Effekte von Organohalogenverbindungen und deren Metabolite	01.03.1976 bis 31.12.1978	517
BMFT 14 UGB 003	Institut für Wasser-, Boden- und Lufthygiene des Bundesgesundheitsamtes 1000 Berlin 33 B. Seifert	Bestimmung von polycyclischen aromatischen Kohlenwasserstoffen in Niederschlägen	01.07.1976 bis 30.06.1978	147
BMFT 14 UGB 004	Biochemisches Institut für Umweltcarcinogene 2070 Ahrensburg G. Grimmer	Die carcinogene Belastung des Menschen durch aromatische Amine in der Umwelt	01.08.1976 bis 31.12.1978	375
BMFT 14 UGB 005	Institut für Pflanzenschutzmittelforschung der Biologischen Bundesanstalt für Land- und Forstwirtschaft 1000 Berlin 33 W. Ebing	Untersuchungen über das Langzeitschicksal konjugierter, sogenannter Endmetaboliten	01.11.1976 bis 31.12.1978	293
BMFT 14 UGB 006	Institut für ökologische Chemie der Gesellschaft für Strahlen- und Umweltforschung mbH München 8042 Neuherberg F. Korte	Organohalogenverbindungen, besonders polarer nicht extrahierbarer Substanzen in Umweltproben	01.08.1976 bis 31.03.1979	467
BMFT 14 UGB 007	Institut für Chemie Kernforschungsanlage Jülich GmbH 5170 Jülich H. W. Dürbeck	Belastung der Nahrungskette Schlachtvieh – Mensch durch anabol wirkende Substanzen	01.10.1976 bis 30.09.1978	190
BMFT 14 UGB 008	Institut für Chemie Kernforschungsanlage Jülich GmbH 5170 Jülich M. Stoeppler	Verfahren zur Bestimmung organischer und anorganischer Quecksilberverbindungen in biologischen Matrices	01.08.1976 bis 31.07.1978	157
BMFT 14 UGB 009	Institut für Chemie Kernforschungsanlage Jülich GmbH 5170 Jülich M. Stoeppler	Verfahren zur Präzisionsbestimmung von Cadmium in biologischen Matrices	01.08.1976 bis 31.07.1978	187
BMI 106 05 005 (Studie)	Fachrichtung Biogeographie – Universität des Saarlandes 6600 Saarbrücken P. Müller	Notwendigkeit und Einsatzmöglichkeit einer Umweltprobenbank	01.08.1978 bis 31.03.1979	26

Anlage 2: Umweltprobenbank, Pilotprojekt

Förder-Kennzeichen	Durchführende Stelle und Vorhabenleiter	Vorhabentitel	Laufzeit	Förderung in TDM
BMFT 149 70 10 BMFT-FB-T 86-041	Institut für Pflanzenschutzmittelforschung der Biologischen Bundesanstalt für Land- und Forstwirtschaft 1000 Berlin 33 W. Ebing	Lagerfähigkeit und Lagertechnologie sowie Methodenentwicklung zur Homogenisation von pflanzenschutzmittelhaltigen Erntegutproben	01.01.1979 bis 31.12.1983	692
BMFT 149 70 11 BMFT-FB-T 86-029	Institut für Experimentalphysik der Ruhr-Universität 4630 Bochum B. Gonsior	Erfassung zeitlicher Konzentrationsänderungen toxischer Elemente in biologischen Proben mit Hilfe kerntechnischer Methoden	01.01.1979 bis 31.12.1983	552
BMFT 149 70 12	Institut für Chemie Kernforschungsanlage Jülich GmbH 5170 Jülich H.-W. Nürnberg	Aufbau einer Pilot-Umweltprobenbank und laufende Kontrolle der Konzentration ausgewählter Umweltchemikalien	01.09.1979 bis 31.12.1984	9 245
BMFT 149 70 13 BMFT-FB-T 86-039	Institut für Pharmakologie und Toxikologie der Westfälischen Wilhelms-Universität 4400 Münster F. H. Kemper	Monitoring und Lagerung von Human-Organproben	01.07.1979 bis 31.12.1983	2 489
BMFT 149 70 14	Pathologisches Institut der Westfälischen Wilhelms-Universität 4400 Münster E. Grundmann	Errichtung einer Datenbank zur Umweltprobenbank	01.09.1979 bis 31.12.1983	646
BMFT 149 70 15 BMFT-FB-T 86-040	Fachrichtung Biogeographie – Universität des Saarlandes 6600 Saarbrücken P. Müller	Probenahme und genetische Vergleichbarkeit (Probendefinition) von repräsentativen Umweltproben	01.09.1979 bis 13.12.1983	622
BMFT 149 70 16	Institut für Hygiene Bundesanstalt für Milchforschung 2300 Kiel W. Heeschen	Umweltprobenbank für Kuhmilch	01.09.1979 bis 31.12.1984	827
BMFT 149 70 17	Biochemisches Institut für Umweltcarcinogene 2070 Ahrensburg G. Grimmer	Veränderungen des Gehaltes an polycyclischen aromatischen N-haltigen Verbindungen (aromatischen Aminen) bei der Langzeitlagerung von Klärschlamm	01.09.1979 bis 31.12.1983	864

Förder-Kennzeichen	Durchführende Stelle und Vorhabenleiter	Vorhabentitel	Laufzeit	Förderung in TDM
BMFT 149 70 18 BMFT-FB-T 86–141	Abteilung Analytische Chemie Universität Ulm 7900 Ulm K. Ballschmiter	Patternanalyse der Chlorkohlenwasserstoffe und Chlorphenole in Umweltproben nach Gefrierlagerung	01. 09. 1979 bis 31. 12. 1984	799
BMFT 149 70 19	Biochemisches Institut für Umweltcarcinogene 2070 Ahrensburg G. Grimmer	Langzeitlagerung von Luftverunreinigungen – Probenahmesysteme für atmosphärische Schwebstoffe und flüchtige Stoffe zur Langzeitlagerung in einer Umweltprobenbank	01. 01. 1982 bis 31. 12. 1984	502
BMFT 149 70 20	Biologische Bundesanstalt für Land- und Forstwirtschaft – Fachgruppe für Pflanzenschutzmittelforschung 1000 Berlin 33 W. Ebing	Lagerfähigkeit und Methodenentwicklung zur Homogenisation von pflanzlichen Umweltproben	01. 05. 1984 bis 31. 12. 1984	78
BMI 106 03 010	Institut für ökologische Chemie – Gesellschaft für Strahlen- und Umweltforschung mbH München 8042 Neuherberg F. Korte	Erprobung von Analysenverfahren zur Erfassung von Schadstoff-Konzentrationen in der Umwelt	01. 04. 1979 bis 31. 12. 1984	968
BMI 106 05 014	Battelle-Institut e. V. 6000 Frankfurt/Main 90 D. Pruggmayer	Anreicherung flüchtiger organischer Verbindungen aus Luft für die Umweltprobenbank	01. 01. 1981 bis 31. 12. 1982	244
BMI 106 05 016 (Studie)	Niedersächsisches Landesamt für Bodenforschung 3000 Hannover 51 W. Müller	Kriterien für die Festlegung der für die Umweltprobenbank auszuwählenden Probenarten	25. 10. 1980 bis 05. 15. 1981	11
BMI 106 05 028 (Studie)	Geographisches Institut Christian Albrechts-Universität 2300 Kiel O. Fränzle	Regional repräsentative Auswahl der Böden für eine Umweltprobenbank	01. 03. 1983 bis 31. 12. 1983	22
BMI 106 05 031 (Studie)	Fachrichtung Biogeographie-Universität des Saarlandes 6600 Saarbrücken R. A. Lewis	Richtlinien für den Einsatz einer Umweltprobenbank in der Bundesrepublik Deutschland auf ökologischer Grundlage	01. 01. 1983 bis 31. 12. 1984	290

Literatur

1. Schmidt-Bleek F, Muhs P (1978) Umweltprobenbank. In: Aurand K, Hässelbarth H, Lahmann E, Müller G, Niemitz W (Hrsg) Organische Verunreinigungen in der Umwelt. Erich Schmidt Verlag, Berlin
2. Schmidt-Bleek F (1979) The specimen banking project in the Federal Republic of Germany published. In: Lectures presented at international symposium on test methodology of chemical substances for exotoxicological evaluation and specimen bank. Tokyo, October 11–12
3. Umweltbundesamt (1981) Umweltprobenbank, Bd I/1 und Bd I/2
4. Kayser D, Boehringer UR, Schmidt-Bleek F (1982) The environmental specimen banking project of the Federal Republic of Germany. Environmental Monitoring and Assessment 1:241–255
5. Berlin A, Wolff AH, Hasegawa Y (eds) (1979) The use of biological specimens for the assessment of human exposure to environmental pollutants. Proceedings of the International Workshop, Luxembourg 1977. Martinus Nijhoff Publishers, The Hague, Boston, London
6. Luepke N-P (ed) (1979) Monitoring environmental materials and specimen banking. Proceedings of the International Workshop, Berlin (West) 1978. Martinus Nijhoff Publishers, The Hague, Boston, London
7. Lewis RA, Stein N, Lewis CW (eds) (1984) Environmental specimen banking and monitoring as related to banking. Proceedings of the International Workshop, Saarbrücken 1982. Martinus Nijhoff Publishers, Boston, The Hague, Dordrecht, Lancaster
8. Wise SA, Zeisler R (eds) (1985) International review of environmental specimen banking. NBS Special Publication 706, US Department of Commerce, Washington

II

Kurzberichte

Probenahme und Charakterisierung von repräsentativen Umweltproben im Rahmen des Umweltprobenbank-Pilotprojektes

P. Müller und G. Wagner

Inhalt

1 Informationsgehalt und Indikatorqualität von Umweltproben

Die mögliche Ausbreitung und Wirkung von Chemikalien in der Umwelt kann durch physikalisch-chemische und toxikologische Untersuchungen, wie sie nach dem Gefahrstoffrecht (z. B. Chemikaliengesetz, Pflanzenschutzgesetz u. a.) vorgeschrieben sind, abgeschätzt werden. Allerdings ist infolge der Komplexität möglicher Phasenübergänge und Transportwege eine Übertragung von Labordaten ins Freiland im allgemeinen problematisch (Ballschmiter 1981). Zudem können synökologische Wirkungen und Bioakkumulationseffekte im Labor, trotz entscheidender Fortschritte in den letzten Jahren, immer noch nicht zufriedenstellend geprüft werden. Darüber hinaus wird aus der Vielzahl von Chemikalien und damit möglichen Wirkfaktoren derzeit nur ein kleines Spektrum ausreichend analysiert und überwacht.

Für alle Substanzen, soweit sie nicht beim Eintritt in eine biologische Matrix weitgehend metabolisiert werden, können Umweltproben auf Belastungstrends aufmerksam machen und möglicherweise die Gefahr einer Überschreitung toxikologischer Grenzwerte anzeigen.

Andererseits sind Wirkungen in Ökosystemen oft erst mit großem Zeitverzug erkennbar, und die Ursachen können über Korrelationen mit aktuellen rückstandsanalytischen Befunden nicht mehr ausreichend abgesichert werden.

Deshalb ist es notwendig, daß repräsentative Proben von Ökosystemkompartimenten und Organismen verschiedener trophischer Niveaus als eindeutig charakterisierte und veränderungsfrei gelagerte Umweltproben verfügbar sind, um retrospektive Analysen zu ermöglichen.

Ähnlich wie Humanproben bieten tierische und pflanzliche Organismen die Möglichkeit, räumliche und zeitliche Schadstofftrends zu verfolgen.

Die Analyse von Nahrungsnetzen ermöglicht die Auswahl repräsentativer Probenarten für die verschiedenen trophischen Niveaus von Ökosystemen (vgl. Forschungsbericht 101.04.012/02: Pilotprojekt zur Ökosystemforschung 1984; Ellenberg et al. 1978; Müller 1979, 1981; Lewis et al. 1984).

2 Probengewinnung für die Pilotphase

Dem Institut für Biogeographie der Universität des Saarlandes wurden im Rahmen des Umweltprobenbank-Pilotprojektes die folgenden Aufgaben übertragen:

1. Proben von ausgewählten Organismen zu gewinnen und für die Analytik und Einlagerung bereitzustellen,
2. Richtlinien für die Gewinnung repräsentativer sowie zeitlich und räumlich vergleichbarer Umweltproben zu erstellen,
3. Probendatenblätter und Daten zur ökologischen und genetischen Probencharakterisierung zu erarbeiten und
4. die Eignung bestimmter Tier- und Pflanzenarten durch vergleichende Analysen zu klären (als Beispiel s. Abb. 1 und 2).

Voraussetzungen dafür sind insbesondere die Erarbeitung ökologischer und genetischer Kriterien für die Auswahl und Charakterisierung tierischer und pflanzlicher Organismen als repräsentative Umweltproben und die Entwicklung geeigneter Techniken zur kontaminations- und verlustfreien Probenahme, Präparation, Homogenisation und Einlagerung der Proben.

Aus einer Liste von 42 Probenarten, gegliedert nach Humanbereich, aquatischem Bereich und terrestrischem Bereich, die für eine Einlagerung in der Pilotphase zur Diskussion standen, wurden dreizehn Probenarten ausgewählt. Diese

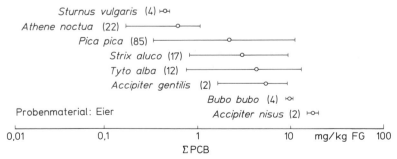

Abb. 1. PCB-Konzentration in Eiern verschiedener Vogelarten aus dem Saarland (1981–1984)

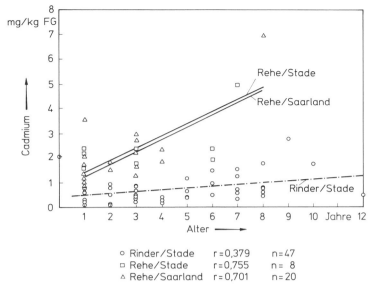

Abb. 2. Regression zwischen den Cadmiumkonzentrationen in den Nieren und dem Alter von Rehen und Rindern aus dem Saarland und dem Landkreis Stade

ermöglichten beispielhaft die Bearbeitung einer breiten Palette von Problemen im Zusammenhang mit Probenahme, Probenvorbereitung, Homogenisation, Verpackung, Transport, Probenlagerung und Analyse im Rahmen des Pilotprojektes. Davon wurden die folgenden am Lehrstuhl für Biogeographie der Universität des Saarlandes bearbeitet:

Terrestrischer Bereich

a) Pflanzenmaterial: Gras (*Lolium multiflorum*) und Blätter der Pyramidenpappel (*Populus nigra* 'Italica')
b) Regenwürmer (*Lumbricus rubellus*)
c) Laufkäfer (*Carabus auratus*)
d) Boden als Ergänzung zur Nahrungskette Pflanze–Regenwurm–Laufkäfer an einem gemeinsamen Standort (Flughafen Saarbrücken-Ensheim). Aufgrund der speziellen Problematik wurde ein zusätzlicher Forschungsauftrag an die Bundesanstalt für Bodenforschung, Hannover, übertragen.

Limnischer Bereich

e) Dreikantmuschel (*Dreissena polymorpha*)

Daneben wurden von uns vorbereitende Untersuchungen für Probenauswahl und Probenahme an einer Reihe weiterer Probenarten durchgeführt (s. Punkte 5–10).

3 Entwicklung geeigneter Probenahmetechniken – Probenahmerichtlinien

Streuungen in den Analysenergebnissen von Pflanzen und Tieren als Umweltproben sind, neben spezifischen Eigenheiten der Individuen (z. B. Alleltyp, Mikrostandort und individuellem „Lebenslauf"), hauptsächlich von folgenden Faktoren abhängig:

– Zeitpunkt der Probenahme (Jahreszeit, Phänologie, Witterung, Phase im Reproduktionszyklus);
– Geschlechts- und Alterszusammensetzung der Population;
– Selektion von Individuen mit spezifischen Eigenschaften (z. B. Größe, Farbe, Aktivität oder andere Verhaltensmerkmale) aus der Gesamtpopulation in Abhängigkeit von der Probenahmemethode;
– Anzahl der gesammelten Individuen (Stichprobengröße).

Durch eine Standardisierung der Probenahme wurde daher angestrebt, die Einflüsse dieser Faktoren auf die Zusammensetzung der Proben zu minimieren bzw. konstant zu halten, zugleich aber auch die Wiederholbarkeit der Probenahme und die zeitliche und räumliche Vergleichbarkeit der Proben zu sichern.

Eine wesentliche Aufgabe des Pilotprojektes war deshalb der modellhafte Entwurf von Arbeitsvorschriften und Protokollen für die genannten Maßnahmen und deren Ausarbeitung für die ausgewählten Probenarten.

Die „Technische Beschreibung der Probenahme" fixiert als Probenahmerichtlinie die Kriterien für die Auswahl der Probenahmestandorte und legt den Zeitpunkt der Probenahme, die zu verwendenden Geräte und Gefäße, die Identifizierung der Probenart und die einzelnen Arbeitsschritte bis zur Einlagerung der Teilproben in die Probenbank fest. Sie enthält außerdem Hinweise zum Ausfüllen des Probendatenblattes I.

4 Standort- und Probencharakterisierung

Das „Probendatenblatt I" enthält alle zur Charakterisierung der Gesamtprobe erforderlichen Angaben in einer schematisierten, für die elektronische Datenverarbeitung geeigneten Form. Dazu gehören insbesondere alle Daten zur ökologischen Probendefinition, soweit sie nicht in der Probenahmerichtlinie vorgegeben sind, z. B. Beschreibung des Standortes, des Witterungsverlaufes vor und während der Probenahme, spezielle Behandlungsmaßnahmen am Standort oder Probenobjekt, Emittenteneinflüsse, meteorologische Parameter und wesentliche Merkmale (Beschaffenheit, Zustand, Durchschnitts- und Gesamtgewicht) der Probenobjekte.

Im Protokoll der Probenahme ist zusätzlich der tatsächliche Ablauf einschließlich aller unvorhergesehener Gegebenheiten und Vorkommnisse während der Probenahme zu dokumentieren, soweit sie irgendwelchen Einfluß auf den physikalischen oder chemischen Zustand der Probe haben könnten.

Das gleiche gilt für das *Protokoll der Probeneinlagerung* bezüglich der technischen Maßnahmen vom Transport über die Zwischenlagerung, Homogenisation etc. bis zur endgültigen Einlagerung.

Ziel der ökologischen und technischen Standardisierung ist es allerdings, den Umfang dieser Protokolle so gering wie möglich zu halten.

5 Vergleichende Untersuchungen zur Schadstoffakkumulation an ausgewählten Tier- und Pflanzenarten

Die Auswahl geeigneter Tier- und Pflanzenarten als Umweltproben für die Langzeitlagerung in Umweltprobenbanken kann in sinnvoller Weise nur im Rahmen von Ökosystemforschungs- und Biomonitoringprogrammen erfolgen (Müller 1979; Lewis et al. 1984).

Durch vergleichende Kontaminationsexperimente mit subtoxischen Mengen bzw. Konzentrationen wurden Ausmaß, Verlauf und Grenzen der Akkumulation von Schadstoffen in Organismen untersucht. Unterwirft man unterschiedliche Populationen einer Art Kontaminationstests unter gleichartigen Bedingungen, so lassen sich die Einflüsse genetisch fixierter Anpassungen auf die Schadstoffakkumulation in den Organismen feststellen.

Derartige Kontaminationsexperimente führten wir mit verschiedenen Populationen der Dreikantmuschel *Dreissena polymorpha* und weiteren Molluskenarten sowie mit dem Goldlaufkäfer *Carabus auratus* und der Pyramidenpappel *Populus nigra* 'Italica' durch.

Darüber hinaus versuchen wir im Rahmen weiterer Forschungsprojekte, durch die Analyse von Nahrungsnetzen und die Erstellung von Wirkungs- und Trendkatastern mit standardisierten Organismen und Methoden repräsentative Tier- und Pflanzenarten für die Belastung von Ökosystemen durch unterschiedliche Schadstoffgruppen herauszuarbeiten.

6 Trophisches Niveau und Informationsgehalt von Umweltproben

Analysenergebnisse zeigen, daß für die Beurteilung der ökologischen Bedeutung von Umweltchemikalien alle wesentlichen Kompartimente eines Ökosystems, d. h. alle trophischen Niveaus der Nahrungspyramide, in einer Umweltprobenbank durch repräsentative Probenarten vertreten sein müssen.

Böden und Sedimente repräsentieren in der Regel die Altlasten, d. h. die in ihnen bis zum Zeitpunkt der Probenahme akkumulierten und unter den gegebenen Bedingungen nicht abgebauten Kontaminanten ohne unmittelbaren Bezug zu deren aktueller ökotoxikologischer Bedeutung.

Pflanzen zeigen dagegen die aktuelle Einwirkung eines Schadstoffes an ihrem Standort, integriert über den Expositionszeitraum. Dabei besteht die Möglichkeit, durch experimentelle Expositionsverfahren (z. B. Standardisiertes Graskulturverfahren nach VDI-Richtlinie 3792) zwischen der aktuellen Immission und der Mobilisierung aus dem Boden zu differenzieren.

Rückstände in Pflanzenfressern *(Primärkonsumenten)* zeigen die Einschleusung von Kontaminanten in Nahrungsnetze und weisen damit auf eine mögliche Kontamination tierischer Nahrungsmittel hin. Die Aufnahme kann jedoch sowohl aus der Luft, dem Trinkwasser oder über die Körperoberfläche erfolgt sein. Nur carnivore Tiere als *Sekundärkonsumenten* können daher das Gefährdungspotential eines Schadstoffes durch seine Akkumulation in der Nahrungskette aufzeigen.

Mit zunehmender Höhe der Position einer Art in der Nahrungspyramide und zunehmender Aktionsfläche der Individuen wächst auch ihr Informationsgehalt als Umweltprobe. Gleichzeitig wachsen damit auch die Probleme der Probengewinnung, und eine sinnvolle Interpretation von Analysedaten verlangt zunehmend umfassende und detaillierte Vorkenntnisse über Lebensraum, Nahrungsspektrum und Verhalten, die nur im Rahmen von Ökosystemforschungsprogrammen am Ort der Probenahme adäquat zu erhalten sind.

7 Kriterien für die Auswahl von Probenarten und Probenahmestandorten

Für die Auswahl der Probenarten und Probenahmestandorte haben sich in der Praxis die folgenden Kriterien als besonders wesentlich herausgestellt:

1. Verfügbarkeit und Praktikabilität der Probenahme
   - gewinnbare Biomasse und statistische Repräsentativität, Verbreitung, kontaminations- und verlustfreie Probenahmeverfahren, rechtliche und ethische Zulässigkeit
2. Wiederholbarkeit der Probenahme
   - Phänologie, Populationsdynamik, Störungen durch abiotische Faktoren, Schädlinge und Parasiten
3. Funktion und trophische Stellung im Ökosystem
   - Repräsentanz aller wesentlichen Ökosystemkompartimente, Verbreitung und genetische Differenzierung
4. Ökophysiologische Repräsentativität und genetische Vergleichbarkeit
   - Akkumulationsverhalten, Depositions- oder Exkretionsvermögen als genetisch fixierte, physiologische Anpassungen an Schadstoffbelastung
5. Räumliche Repräsentativität
   - Standorttreue, Habitatgröße und -struktur, Homogenität von Standortfaktoren und Schadstoffeinwirkung

Entsprechend dem hohen Aufwand für die Probenlagerung und Analytik sollten die für eine Umweltprobenbank in Frage kommenden Probenarten optimale Informationsträger für die Qualität unserer Umwelt darstellen. Ein wesentliches Auswahlkriterium ist daher das Augenmaß an Kenntnissen, die wir über eine Art und ihre Vernetzung mit anderen Ökosystemelementen besitzen.

Tabelle 1. Beurteilungsmatrix der untersuchten Probenarten

Kriterien / Arten	Trophische Ebene bzw. Ökosystemkompartiment	Verfügbarkeit und Praktikabilität, Wiederholbarkeit	Ökophysiologie Akkumulationsverhalten	Räumliche Repräsentativität bzw. Flächenintegrat.
Terrestrische Ökosysteme				
Pflanzen				
Lolium multiflorum	Luft	++ (Nur als SE)	++	++
Populus nigra 'Italica'	Luft + Boden	++	++	+
Piceae/Fagus	Luft + Boden	++	± (Polymorph, z. T. geschädigt)	(+)
Nutzpflanzen	Luft + Boden	++ (Nur als SE)	(++)	++
Tiere				
Lumbricus terrestris	Destruent, Boden	+ (Mengenproblem)	+ Mit Bodenanteilen	+
L. rubellus	Destruent, Boden	± (Nur als SE)	++	++
Apis mellifica	Pollinator, Luft/Pflanze	+ (Organisationsfrage)	++	++
Columba livia	Granivor	++ (Organisationsfrage)	++	++
Capreolus capreolus	Herbivor (selektiv)	++ (Organisationsfrage)	++	±
Rind	Herbivor	++ (Organisationsfrage)	(+) Anthropogen bestimmt	++
Vulpes vulpes	Carnivor-omnivor	± Mauserfedern u./o. Eier	+	++
Accipiter gentilis	Carnivor	± (Mengenproblem, arbeitsintensiv)	+	+
Strix aluco	Carnivor			
Limnische Ökosysteme				
Tiere				
Dreissena polymorpha	Filtrierer, Plankton/Substrat	+ (Evtl. SE)	++	++
Abramis brama	Carnivor (Benthal)	++	±	++
Cyprinus carpio	Herbivor-omnivor	++	(+) (Polymorph)	++
Coregonus sp.	Carnivor (Pelagial)	++	(Polymorph)	+
Anguilla anguilla	Carnivor (± Fische)	++	++	+

Beurteilung: ++ sehr gut, + gut, (+) bedingt geeignet bzw. bekannt, ± problematisch, SE: Standardisierte Exposition

Die Bereitstellung ausreichend großer Probenmengen für umfangreiche Analysenprogramme im Rahmen der Umweltprobenbank erscheint als eines der Hauptprobleme für die Berücksichtigung von Organismen hoher trophischer Level mit geringer Biomasse, aber großräumig integrierender Indikatorfunktion.

Dies gilt insbesondere für die an der Spitze der Nahrungspyramide stehenden und in der Regel geschützten Greifvögel, von denen Mauserfedern und Eier als Umweltproben in Frage kommen (vgl. Abb. 1). Durch die notwendigen Verknüpfungen von Ökosystemforschung, Real-Time Biomonitoring und Umweltprobenbank ergeben sich Fragestellungen, die auch die Einlagerung kleinerer Probenmengen oder unhomogenisierter Probenserien bei Vorhandensein ausreichender Vorinformationen sinnvoll erscheinen lassen. Es erscheint daher notwendig, auch Umweltproben mit sehr hohem Informationsgehalt, aber geringer verfügbarer Probenmenge, in der Diskussion nicht zu vernachlässigen.

Anmerkung. Da im Pilotprojekt die Lösung technischer und analytischer Probleme der Langzeitlagerung im Vordergrund des Interesses standen, sind bestimmte Probleme der Probenauswahl, Probenahme, Probenvorbereitung und

Tabelle 2. Empfehlung von Organismen als Probenarten für die Umweltprobenbank der Bundesrepublik Deutschland

Trophische Ebene	Empfohlene Organismen, Probenarten
1. *Terrestrische Ökosysteme*	
Primärproduzenten:	*Lolium multiflorum* (Experimentelle Exposition nach VDI 3792, standardisierte Graskultur)
Pflanzen	*Populus nigra* 'Italica' (Standardisierte Pappelblattproben) evtl. zusätzlich: Nutzpflanzen (Spinat, Grünkohl, experimentelle Exposition); Fichten (*Picea abies*, einjährige Nadeln und Triebe)
Primärkonsumenten:	
Saprophyten	Regenwurmarten (*Lumbricus terrestris, L. rubellus*)
Pollinator	Honigbiene (*Apis mellifica*, experimentelle Exposition, Bienen und Bienenwachs)
Herbivore	Reh (*Capreolus capreolus*, Leber und Nieren) evtl. zusätzlich: Rind
Granivore	Stadttauben (*Columba livia*)
Sekundärkonsumenten:	Fuchs (*Vulpes vulpes*, Leber, Nieren)
Carnivore (Omnivore) evtl. zusätzlich:	evtl. zusätzlich: Amsel (*Turdus merula*) oder Elster (*Pica pica*)
Greifvögel	Habicht (*Accipiter gentilis*) oder Waldkauz (*Strix aluco*): Mauserfedern und/oder Eier (Erstgelege) als Einzelproben
2. *Limnische Ökosysteme*	
Filtrierer	Dreikantmuschel (*Dreissena polymorpha*, Weichkörper)
Benthos	Brasse, Brachse o. Blei (*Abramis brama*, verschiedene Organe)
Pelagiale Planktonfresser	Renken: Blaufelchen (*Coregonus lavaraetus*) bzw. kleine Maräne (*C. albula*)
Raubfisch	Aal (*Anguilla anguilla*, Filet, Leber, Niere, Haut ...*)

Probendefinition bislang noch nicht vollständig gelöst. Für die von uns bisher bearbeiteten Probenarten und Probenahmeorte sind noch Einzelfragen offen, die jedoch in der Anlaufphase der Umweltprobenbank geklärt werden können. Auf diese Probleme wird im ausführlichen Abschlußbericht besonders hingewiesen.

Neben den für die Pilotphase ausgewählten und intensiv bearbeiteten Probenarten (s. Zwischenbericht vom Oktober '82) verfolgten wir das Ziel, den Kriterienkatalog für die Auswahl geeigneter Probenarten für die Umweltprobenbank weiterzuentwickeln und im Rahmen unserer personellen und zeitlichen Möglichkeiten die notwendigen Vorinformationen für ein breiteres Probenartenspektrum für verschiedene Ökosysteme bereitzustellen (s. Tabelle 1 und 2).

8 Zusammenfassung

Im Rahmen des Umweltprobenbank-Pilotprojektes wurden Proben von Dreikantmuscheln (*Dreissena polymorpha*), Regenwürmern (*Lumbricus rubellus*), Laufkäfern (*Carabus auratus*) und Pyramidenpappeln (*Populus nigra* 'Italica') im Freiland gesammelt, eingelagert sowie ökologisch und genetisch charakterisiert.

Durch vergleichende Analysen von Freilandmaterial, Nahrungsnetzanalysen, Probenahmeversuche und gezielte Kontaminationstests wurde das Anreicherungsverhalten verschiedener Tier- und Pflanzenarten und ihre Eignung als repräsentative Umweltproben untersucht. Laufkäfer wurden als Probenarten ausgeschieden, Empfehlungen wurden für Rehe (*Capreolus capreolus*), Füchse (*Vulpes vulpes*), Honigbienen (*Apis mellifica*) sowie für verschiedene Vogel- und Süßwasserfischarten ausgearbeitet.

Neben der Probenahme an Freilandpopulationen werden für Gras (*Lolium multiflorum*), Fichten (*Picea abies*), Kulturpflanzen (Spinat und Grünkohl) sowie für Dreikantmuscheln (*Dreissena polymorpha*) und Honigbienen (*Apis mellifica*) standardisierbare Expositions- und Probenahmeverfahren entwickelt und vorgeschlagen.

Für die untersuchten Probenarten wurden detaillierte Probenahmerichtlinien und Probendatenblätter ausgearbeitet, der Kriterienkatalog für die Auswahl weiterer Probenarten und Probenahmeorte wurde unseren Erfahrungen entsprechend weiterentwickelt.

Literatur

Ballschmiter K (1981) Ausbreitungswege der Xenobiotika in der Umwelt. Ökologie der Vögel 3:149–160
Ellenberg H, Fränzle O, Müller P (1978) Ökosystemforschung im Hinblick auf Umweltpolitik und Entwicklungsplanung. Forschungsbericht 78-101 04 005, Bundesministerium des Innern
Lewis RA, Stein N, Lewis CW (eds) (1984) Environmental specimen banking and monitoring as related to banking. Proceedings of the International Workshop, Saarbrücken 1982. Martinus Nijhoff Publishers, Boston, The Hague, Dordrecht, Lancaster

Müller P (1979) Notwendigkeit und Einsatzmöglichkeiten einer Umweltprobenbank in der Bundesrepublik Deutschland. Gutachten, im Auftrag des Umweltbundesamtes

Müller P (1981) Arealsysteme und Biogeographie. Ulmer, Stuttgart

Müller P (1984) Ökomodell Saarbrücken (Ökologische Stadtkataster). Forschungsbericht 101.04.012/02 Pilotprojekt zur Ökosystemforschung, im Auftrag des Umweltbundesamtes, März 1984, S 262

Müller P, Wagner G, Zadory L (1982) Probenahme und genetische Vergleichbarkeit (Probendefinition) von repräsentativen Umweltproben. Zwischenbericht Umweltprobenbank-Pilotprojekt im Auftrag des Umweltbundesamtes

Müller P, Wagner G (1984) Probenahme und genetische Vergleichbarkeit (Probendefinition) von repräsentativen Umweltproben. Abschlußbericht, August 1984, im Auftrag des Umweltbundesamtes

Regional repräsentative Auswahl der Böden für eine Umweltprobenbank – exemplarische Untersuchung am Beispiel der Bundesrepublik Deutschland [1]

O. Fränzle und G. Kuhnt [2]

Das anwendungsbezogene Ziel der Untersuchung ist die Bestimmung derjenigen Bodenproben, welche zur Dokumentation der Böden der Bundesrepublik Deutschland in Umweltprobenbanken einzulagern sind. Zu diesem Zweck wurde ein auch außerhalb der Bundesrepublik Deutschland anwendbares Verfahren erarbeitet, welches die Identifizierung häufigkeitsstatistisch und regional repräsentativer Probenahmeorte innerhalb eines differenzierten Areals auf der Grundlage EDV-gestützter Kartenauswertungen ermöglicht. Die Gewährleistung einer höchstmöglichen Repräsentanz bei gleichzeitiger Minimierung des Probenanfalls wird dabei wegen des hohen Analyseaufwandes und der limitierten Einlagerungskapazität der Probenbanken in den Vordergrund gestellt.

Die Digitalisierung von insgesamt fünf flächendeckenden Karten im Maßstab 1:1 Mio. und 1:2 Mio., die in ihrer Thematik direkt oder indirekt mit der Bodenausstattung der Bundesrepublik Deutschland in Zusammenhang stehen, bildet eine ausreichende Datenbasis für die häufigkeits- bzw. regionalstatistisch begründete Identifizierung repräsentativer Bodenprobenahmeorte, welche durch eine Datenreduktion im Sinne sukzessiver Approximation erfolgt.

Basierend auf Kreuztabellierung und Nachbarschaftsanalyse werden 10 Punkte ausgewiesen, welche die Bodenausstattung der Bundesrepublik Deutschland in regional repräsentativer Weise dokumentieren. Wegen des relativ kleinen Maßstabs der Basiskarten wurde eine Projektion der ermittelten Probenahmepunkte auf großmaßstäbiges Kartenmaterial vorgenommen. Die dabei entstehenden, aus der nur unzureichend durchgeführten großmaßstäbigen Bodenkartierung erwachsenden Probleme waren im Rahmen des Projektauftrages in einigen Fällen nur mit gewissen Einschränkungen zu lösen.

Nach dem derzeitigen Kenntnisstand gewährleisten die Proben je eines Bodenprofils der ausgewiesenen 10 Bodentypen eine optimale Dokumentation. Angesichts der limitierten Einlagerungskapazität der Probenbanken scheint eine Reduktion auf sechs Profile vertretbar; zum Zwecke einer kontinuierlichen Doku-

---

[1] Umweltforschungsplan des Bundesministers des Innern. Forschungsbericht 106 05028
[2] Unter Mitarbeit von Elke Mertens und L. Vetter, Geographisches Institut der Universität Kiel
– Regionale Entwicklungs- und Umweltplanung –

mentation sollten Proben der entsprechenden Standorte alle 4 Jahre entnommen, analysiert und eingelagert werden.

Folgende Böden, die sowohl in pedologischer wie ökochemischer Hinsicht die breite Variabilität der Bodenausstattung adäquat widerspiegeln, werden zur Einlagerung empfohlen:

1. *Parabraunerde* mittlerer Basenversorgung auf Löß unter Getreide, Gütestufe um 50, mittlerer Anteil frei dränender Poren;
2. *Braunerde* geringer Basenversorgung auf Buntsandstein unter Wald, Gütestufe um 38, mittlerer Anteil frei dränender Poren;
3. *Podsol* in grundwassernaher Lage mit Orterde oder Ortstein auf fluvialen Ablagerungen unter Hackfrucht, Gütestufe um 30, hoher Anteil frei dränender Poren;
4. *Rendsina* auf Malm-Kalk unter Getreide, Gütestufe um 45, hoher Anteil frei dränender Poren;
5. *Hochmoor* mit > 2 m Mächtigkeit unter Grünland, Gütestufe um 30, hoher Anteil frei dränender Poren;
6. *Marschboden* auf Schlick/Klei-Sediment unter Grünland, Gütestufe um 58, geringer Anteil frei dränender Poren.

Die Entwicklung zweier Repräsentanzindizes erlaubt die Einordnung jedes einzelnen der 2485 auf die Fläche der Bundesrepublik Deutschland entfallenden Digitalisierungspunkte in bezug auf seine häufigkeits- und regionalstatistische Repräsentanz. Die Indizes erlauben, den Probenahmestandort höchster Repräsentanz innerhalb eines determinierten Raumes zu ermitteln; sie geben zudem Auskunft über die Variabilität der Bodenausstattung.

Umweltprobenbank für Kuhmilch

W. Heeschen, H. Nijhuis, A. Blüthgen und U. Bettin

Inhalt

1 Einleitung

Im Rahmen des Gesamtprojektes „Pilot-Umweltprobenbank" wurden die mit dem Probentyp „Kuhmilch" zusammenhängenden Aufgaben schwerpunktmäßig vom Institut für Hygiene der Bundesanstalt für Milchforschung in Kiel wahrgenommen. Außerdem erfolgte in einer Reihe weiterer Umweltproben gemeinsam mit anderen Forschungsnehmern die Untersuchung auf persistente chlorierte Kohlenwasserstoffe sowie die Analyse auf für die Haltbarkeit der Proben wesentliche Kriterien (Ascorbinsäure, ungesättigte Fettsäuren). Darüber hinaus wurden orientierende Untersuchungen bei Frauenmilch vorgenommen, da dieses Substrat im Rahmen der Nahrungskette besondere Bedeutung besitzt (erhebliche Rückstandsbelastung, hohe Mengenaufnahme durch den Säugling).

Das Institut für Hygiene verfügt aufgrund jahrzehntelanger Forschungsarbeiten zur Umweltbelastung der Milch und angrenzender Substrate der Nahrungskette sowohl in personeller als auch in apparativer Hinsicht über die Voraussetzungen zur Bewältigung der gestellten Aufgaben.

2 Kuhmilch als Matrix einer Umweltprobenbank

Die Bedeutung der Kuhmilch für die laufende und retrospektive Bestandsaufnahme der Schadstoffe in dem Bereich „Terrestrische Ökosysteme und Nahrungsketten" ergibt sich aus folgenden Zusammenhängen:

2.1 Kuhmilch als bedeutender Bestandteil der menschlichen Ernährung

a) Milch und Milchprodukte liefern ca. 12–15% des durchschnittlichen täglichen Verbrauchs von Nahrungsmittelenergie in der Bundesrepublik Deutschland; für bestimmte Bevölkerungsgruppen ist sie das dominierende Lebensmittel.
b) Die Aufnahme von ca. 30 g Milchfett pro Tag stellt für den Menschen einen bedeutenden Faktor für die Belastung mit fettlöslichen Umweltkontaminanten (z. B. PCB) dar.

2.2 Kuhmilch als geeigneter „Umweltspiegel"

a) In der Wechselwirkung mit der Umwelt nimmt das Milchtier einerseits eine gewisse „Filterfunktion" wahr, indem Überkonzentrationen bestimmter Chemikalien vom Organismus abgefangen werden. Andererseits besitzt die Kuh jedoch für eine größere Zahl „kritischer" Umweltkontaminanten eine „Extraktionsfunktion". Lipophile und abbauresistente Umweltchemikalien reichern sich im Organismus des Tieres an und erscheinen dann vielfach in erhöhten Konzentrationen in der Milch, was die Nahrungskettenproblematik dieser Verbindungen hervorhebt.
b) Durch die Zahl der in einem Konzentrationsbereich zwischen Nanogramm und Milligramm je Kilogramm gefundenen Rückstände und Verunreinigungen wird das Substrat Milch für die Fragestellungen einer Umweltprobenbank wesentlich. Als Beispiele sind zu nennen: Tierarzneimittel, pestizidwirksame Agrochemikalien, polychlorierte Biphenyle, Kontaminanten bei Gewinnung, Be- und Verarbeitung, Schwermetalle und Radionuklide sowie Mykotoxine.
Die zu den genannten Stoffen vorliegenden Daten, Nachweisverfahren und Informationen zum Kontaminationsgeschehen bilden wertvolle Grundlagen für weitere Untersuchungen an bankgelagerten Milchproben.
c) Kuhmilch wird in einer weitgehend standardisierten und gut zu beschreibenden Umwelt gewonnen. Die direkt beteiligten „Umweltmedien" sind als solche langfristig konstant und eindeutig zu definieren.
d) Wegen der im Durchschnitt nur etwa 3,5 Jahre währenden Nutzung eines laktierenden Rindes in der Bundesrepublik Deutschland entspricht die gewonnene Probe weitgehend dem aktuellen Status ohne den Nachteil, daß langfristige Umweltexpositionen die Belastung verzerren können.

e) Die Rückstände und Verunreinigungen der Milch können die „Umwelt" eines Milchtieres sowohl regional als auch überregional widerspiegeln, wobei unterschiedliche Fütterungspraktiken die wesentliche Einflußgröße repräsentieren. Hierbei spielen die importierten Kraftfutterkonzentrate eine wesentliche, im Einzelfall aber schwer überschaubare Rolle.

2.3 Eignung der Milch für eine Einlagerung in die Umweltprobenbank

a) Milchkühe können ausreichende Probemengen nahezu beliebig oft und in beliebiger Menge an gleichen Standorten produzieren.
b) Für die Spendertiere können deren Standorte einschließlich der Umweltbedingungen sowie das genetische Potential exakt beschrieben werden.
c) Milch steht von Natur aus als homogenes Substrat zur Verfügung, dessen homogene Struktur sich bei genügend niedrigen Temperaturen auch im Verlaufe einer langen Lagerung nicht verändert.
d) Da die Zusammensetzung der Milch sehr gut bekannt ist, werden die im Rahmen der Umweltprobenbank durchzuführenden Untersuchungen wesentlich erleichtert.

3 Frauenmilch als Matrix einer Umweltprobenbank

Zur Erfassung der Schadstoffbelastung des Menschen sollte neben den Humanproben „Leber", „Fettgewebe" und „Blut" auch das Substrat „Frauenmilch" herangezogen werden, und zwar aus folgenden Gründen:

1. Die für die Milchkuh beschriebenen Wechselwirkungen zwischen Schadstoffkonzentrationen in Umwelt, Organismus und Milch sind in analoger Weise auch bei der laktierenden Frau vorhanden. Die Frauenmilch ist daher als ein Pool der verschiedensten Umweltkontaminanten anzusehen und besitzt als Indikator für die Belastung des Menschen eine große Bedeutung. So konnte z. B. nachgewiesen werden, daß durch das Schadstoffmuster im Fettanteil der Frauenmilch die Situation des Körperfettgewebes ziemlich genau widergespiegelt wird.
2. Im Gegensatz zu den übrigen Probentypen aus dem Humanbereich kann Frauenmilch von lebenden Menschen leicht und schmerzfrei gewonnen werden. Die Probenahme kann jederzeit im Verlaufe der Laktation und eventuell auch nach einer erneuten Schwangerschaft wiederholt werden.
3. Der Untersuchung der Muttermilch im Rahmen des Umweltprobenbankprojektes kommt eine besondere politische Bedeutung zu. Weil der Mensch am Ende der Nahrungskette steht und im Durchschnitt vergleichsweise lange lebt, reichern sich einige Umweltkontaminanten in einem besonders starken Ausmaß in seinem Körper an und werden im Falle einer Laktation auch in besonders hohen Konzentrationen über die Humanmilch ausgeschieden. Dieses führt dazu, daß ein mit Muttermilch ernährter Säugling in besonderer Weise durch Umweltschadstoffe gefährdet ist.
4. Frauenmilch ist wie die Kuhmilch sowohl hinsichtlich ihrer kompositionellen Beschaffenheit als auch hinsichtlich ihrer Schadstoffbelastung Gegenstand in-

tensiver Forschungen gewesen. Die daraus resultierenden Erkenntnisse können für das Umweltprobenbankprojekt nutzbringend angewendet werden.
5. Homogenitätsprobleme, wie sie bei anderen Proben aus dem Humanbereich
   auftreten können, sind bei dem Substrat Frauenmilch nicht zu erwarten.

4 Ausstattung und Aufgaben des Instituts für Hygiene

Die Forschungsgruppe „Umweltprobenbank" wurde im Jahre 1979 am Institut
für Hygiene etabliert. Im einzelnen erfüllte bzw. erfüllt das Institut folgende Aufgaben und Funktionen:

1. Probenahme und -einlagerung von Kuhmilch.
2. Zwischenlagerung von Milchproben vor einer Weitergabe zur Zentraldeponie
   nach Jülich.
3. Satellitbank für
   – Proben anderer Forschungspartner, die in Kiel analysiert werden.
   – Proben, die vom zentralen Jülicher Transportdienst verteilt werden, um deponiespezifische Unterschiede zu ermitteln.
4. Entwicklung geeigneter Verfahren und Durchführung der Analytik auf
   – chlorierte Kohlenwasserstoffe,
   – Blei und Cadmium,
   – Haltbarkeitsindikatoren (Ascorbinsäure und ungesättigte Fettsäuren)
   in Kuhmilch, Humanblut, Humanfettgewebe, Humanleber und Karpfen.
5. Prüfung des Einflusses verschiedener Faktoren (Zeit, Temperatur, Licht,
   Sauerstoff u.a.) auf die Untersuchung nicht persistenter Rückstände bzw.
   Verunreinigungen sowie von Haltbarkeitsparametern in Kuhmilch.
6. Orientierende Untersuchungen zur Langzeitlagerung von Frauenmilchproben.

5 Technische Durchführung

5.1 Gewinnung, Portionierung und Einlagerung von Kuhmilch

Die Zusammensetzung von Milch kann sich aufgrund ihres Gehaltes an originären Enzymen und wegen der Anfälligkeit einiger Inhaltsstoffe gegenüber Sauerstoff und bakterieller Aktivität kurzfristig verändern. Die Probeentnahme, -portionierung und -einlagerung muß daher unter Vermeidung einer Sauerstoff-,
Staub- und Keimbelastung zügig vonstatten gehen. Für die *Milchgewinnung*
kommt aus diesen Gründen nur ein maschineller Entzug in Betracht. Weil das
Nebeneinander der beiden flüssigen Phasen Fett und Wasser Interaktionen mit
ungeeigneten Behältermaterialien erwarten läßt, wurde im Institut ein spezieller
Standmelker mit weitgehend inerten metallfreien Oberflächen konstruiert. Dabei
wurde nur bei Teilen wie Zitzenbecher und Pulsator auf käufliche Artikel zurückgegriffen; die übrigen Teile sind Sonderanfertigungen aus Duranglas, Polykarbonat, Silikongummi und Edelstahl. Abbildung 1 zeigt links die Bauteile und rechts
den fertig zusammengesetzten Milchsammelbehälter.

Abb. 1. Bauteile und fertig zusammengesetzter Milchsammelbehälter (Spezialanfertigung) mit gegenüber der Milch inerten metallfreien Oberflächen

Die für die Pilotphase des Projektes benötigte Menge von ca. 14 Litern konnte durch einmaliges Melken einer leistungsstarken gesunden Kuh der institutseigenen Herde gewonnen werden.

Die *Portionierung* der Gesamtprobe in die projekttypischen analysengerechten Einzelproben (10, 15 und 20 ml) erfolgte anschließend auf einer sterilen Werkbank mit Hilfe eines Ganzglas-Pipettierautomaten unter Wahrung der Homogenität der Probe. Zur Abdichtung der Schraubdeckelgefäße aus kaliumarmem Glas bzw. Polyethylen wurde Aluminium- oder Indiumfolie verwendet.

Durch die *Einlagerung* der Proben in das große mit flüssigem Stickstoff betriebene Kryogefäß des Instituts konnte eine schnelle Abkühlung des Materials gewährleistet werden.

5.2 Einrichtung und Unterhaltung einer Satellitbank

Seit 1981 wird am Institut für Hygiene eine Satellitbank unterhalten, die durch einen Pendeldienst unter Kryobedingungen mit der zentralen Bank in Jülich in Verbindung steht. Der installierte Tiefkühlbehälter (Firma Union Carbide, Typ LR 320) mit einem Bruttovolumen von $^1/_3$ m^3 wird über eine elektronisch gesteuerte Nachfüllstation (Firma Siegtal Kryotherm, TS 100) in regelmäßigen Abständen mit flüssigem Stickstoff versorgt und gewährleistet so die Lagerung von Proben in gasförmigem Stickstoff bei Temperaturen zwischen $-150\,°C$ und $-190\,°C$.

Durch die Erstellung einer problemangepaßten Inneneinrichtung im Eigenbau wurde das Lagerungsgefäß so ausgestattet, daß folgende Anforderungen erfüllt werden:

1. *Die Probengefäße kommen mit flüssigem Stickstoff nicht in Berührung.* So wird die Gefahr einer Gefäßexplosion nach der Entnahme ausgeschlossen, und außerdem kann es nicht zu nachträglichen Kontaminationen der Proben (z. B. mit Quecksilber) oder zu Extraktionsphänomenen durch flüssigen Stickstoff kommen.
2. *Das zügige Ein- und Auslagern einzelner Proben wird durch kleine leicht auffindbare Entnahmeeinheiten gewährleistet.* Wesentliche Temperaturerhöhungen durch langes Offenstehen des Gefäßes können daher vermieden werden.

3. *Die Inneneinrichtung ist flexibel gestaltet.* Sie kann den jeweiligen Anforderungen jederzeit leicht angepaßt werden.

Der Zugriff zu den Proben wird durch eine logistische Organisation der Probenverwaltung mit Hilfe eines Computerprogrammes und durch ein System zum schnellen Auffinden des Lagerungsplatzes erleichtert.

5.3 Entwicklung geeigneter Verfahren und Durchführung der Analytik

Der Nachweis von *chlorierten Kohlenwasserstoffen* in den verschiedenen Substraten wird gaschromatographisch in Anlehnung an eine vom EG-Sachverständigen-Ausschuß unter wesentlicher Mitwirkung des Instituts herausgegebene Methodensammlung durchgeführt. Prinzipiell läuft der Untersuchungsgang in folgenden Stufen ab:

- Extraktion der chlorierten Kohlenwasserstoffe aus dem Substrat mit einem geeigneten Lösungsmittel,
- Reinigung des Rohextraktes von störenden Begleitsubstanzen,
- quantitative Bestimmung der Pestizide durch Gaschromatographie mit Elektroneneinfangdetektor.

Wesentliche Modifikationen wurden bei der gaschromatographischen Endbestimmung entwickelt und weitergeführt. So erfolgt die Auftrennung der zu untersuchenden Substanzen mit Hilfe von Fused Silica Kapillaren mit splitloser Injektion und Rückspülung der Vorsäule.

Die Schwermetalle *Blei und Cadmium* sind für das Gesamtprojekt in erster Linie als Umweltschadstoff von Bedeutung. Die Untersuchungen in der Pilotphase des Projektes galten darüber hinaus jedoch auch der Fragestellung, ob Austauschvorgänge zwischen Probe und Aufbewahrungsgefäß das Analysenergebnis beeinflussen können. Da aus biologischen Gründen (Filterwirkung des Organismus) Blei und Cadmium in der Milch nur in äußerst geringen Mengen vorhanden sind, ist die Entwicklung eines Nachweisverfahrens mit besonderen Problemen verbunden. Die Hauptschwierigkeiten bestehen weniger bei der Mineralisierung der Probe mit anschließender Abtrennung der Matrix, sondern vielmehr in der automatisierten Messung mit Hilfe der flammenlosen Atomabsorption. Hier wurden erhebliche Anstrengungen unternommen, um die Präzision der Endbestimmung auf ein Maß zu bringen, das der geforderten Problematik gerecht wird.

Die physiologischen Inhaltsstoffe „Ascorbinsäure" und „ungesättigte Fettsäuren" werden ausschließlich zur Untersuchung der Qualität der Probenlagerung herangezogen.

Die hohe Empfindlichkeit der *Ascorbinsäure* als Haltbarkeitsindikator der Proben gegenüber Sauerstoff verlangt eine Bestimmung unter größtmöglicher Ausschaltung oxidativer Einflüsse. Da die hierfür bekannten Verfahren nicht von dem Prinzip der Erhaltung dieser Substanz in ihrer ursprünglichen Form ausgehen, eignen sie sich nicht für einen Einsatz in diesem Projekt. Um die probenoriginäre Ascorbinsäure unverändert erfassen zu können, wurde deshalb eine Methode entwickelt, bei der die Ascorbinsäure schnell und unter Ausschluß von Luftsauerstoff aus der Probe extrahiert und mit Hilfe der Hochleistungs-Flüssigkeits-Chromatographie unter Verwendung eines spektrophotometrischen Detektors nachgewiesen werden kann.

Da oxidative Prozesse zu Keto- und Hydroxy-Derivaten führen können, sind auch *ungesättigte Fettsäuren* als Parameter für die „oxidative Kapazität" einer speziellen Matrix geeignet. Die Analysen erfolgen nach einem in der Literatur berichteten Verfahren (Fettgewinnung nach Röse-Gottlieb und Veresterung mit Bortrifluorid und Methanol). Eine für die Endbestimmung wesentliche Hilfe wurde durch die Anfertigung und den Einsatz eines speziellen Volumenmeßgerätes für die Extrakte erreicht.

5.4 Prüfung des Einflusses verschiedener Faktoren auf die Untersuchung

Um festzustellen, welche Veränderungen im Probengut bei den wesentlich höheren Temperaturen vor und nach der Kryolagerung und während der Aufarbeitung erfolgen und Einfluß auf das Analysenergebnis nehmen können, wurden Milchproben mit definierten Mengen nicht persistenter Chemikalien bzw. Inhaltsstoffe versetzt und verschiedenen Faktoren (Zeit, Temperatur, Licht, Sauerstoff u. a.) in extremer Weise ausgesetzt. Die Bedeutung dieser Untersuchungen ergibt sich aus der Theorie vom Einfluß der Temperatur auf die Geschwindigkeit chemischer Reaktionen, nach der eine Steigerung der Temperatur um 10 °C eine Zunahme der Reaktionsgeschwindigkeit um den Faktor 2–3 bewirkt.

5.5 Orientierende Untersuchungen zur Langzeitlagerung von Frauenmilchproben

Damit Erfahrungen mit der Organisation dieses Arbeitsgebietes gesammelt werden können und gleichzeitig Frauenmilchproben für spezielle Untersuchungen zur Verfügung stehen, wurde mit der Gewinnung und Kryolagerung derartiger Substrate begonnen. Weil die Proben unmittelbar nach der Gewinnung eingefroren werden müssen, kommen als Spenderinnen nur Frauen aus dem Einzugsbereich Kiel in Betracht, die bereit sind, die Probe in einem für diesen Zweck eingerichteten Raum des Instituts zu gewinnen. Zur Vermeidung einer nachträglichen Verunreinigung der Probe wurde eine spezielle Milchpumpe aus Hartglas angefertigt und eingesetzt. Im Gegensatz zu im Handel erhältlichen Pumpen ist diese so ausgeführt, daß die abgesaugte Milch mit dem zur Vakuumerzeugung notwendigen Gummiball nicht in Berührung kommt. Damit die Proben unter einheitlichen keimarmen Bedingungen gewonnen werden können, werden vor der Probenahme Raum und Materialien desinfiziert bzw. sterilisiert und die Frauen zur sorgfältigen Reinigung und Desinfektion der Brust angeleitet. Von der Gesamtprobe (40–50 ml) werden drei 10 ml-Portionen in sterile Glasfläschchen gefüllt, nach einem Kodierungsschlüssel gekennzeichnet und über flüssigem Stickstoff eingefroren. Die restliche Milch steht für sofortige Untersuchungen zur Verfügung. In Anwesenheit der Spenderinnen werden anamnestische Angaben in ein dafür entwickeltes Probendatenblatt eingetragen.

6 Ergebnisse, Erfahrungen
und daraus resultierende Verbesserungsvorschläge

Die Technik der *Gewinnung, Portionierung und Kryolagerung der Proben* erwies sich im wesentlichen als problemangepaßt. Weil Milch sich bei Raumtemperatur kurzfristig verändern kann, muß in Zukunft noch stärker darauf geachtet werden, daß die Wege zwischen Gewinnungs-, Portionierungs- und Einfrierstelle so kurz wie möglich gehalten werden. Auch sollte die Dosiereinrichtung dahingehend geändert werden, daß eine Zeitersparnis erreicht wird (z. B. durch Verwendung mehrerer automatischer Pipetten). In diesem Zusammenhang wäre zu überlegen, ob in Zukunft auf eine Wägung der Einzelproben vor der Einlagerung verzichtet werden kann, da in jedem Falle unmittelbar vor der Analyse eine Gewichtsbestimmung erforderlich ist. Um den Einflußfaktor „Zeit bei Raumtemperatur" bei der Beurteilung der Analysenergebnisse berücksichtigen zu können, wäre eine Protokollierung der Zeiten zwischen Gewinnung, Portionierung und Einlagerung der Proben wünschenswert.

Die gewählten Probengefäße entsprachen den gestellten Anforderungen. Nach den bisherigen Analysenergebnissen fanden keine Interaktionen zwischen Gefäßwand und Probe statt. Auch Alterungs- und Versprödungseffekte wurden nicht beobachtet; die Bruchrate nach dem Einfrieren war vernachlässigbar klein. Zur Abdichtung der Schraubverschlüsse wurde bisher auch Aluminiumfolie verwendet. Da Aluminium ein reaktionsfreudiges und ubiquitär vorhandenes Element ist, sollte in Zukunft jedoch ausschließlich Indiumfolie verwendet werden.

Die Lagerung der Proben über flüssigem Stickstoff, wie sie im hiesigen Institut durchgeführt wird, hat sich aus folgenden Gründen als optimal erwiesen:

1. Besondere bauliche Voraussetzungen sind für die Einrichtung der Anlage nicht erforderlich.
2. Die Lagerung kann mit einem relativ geringen technischen Aufwand betrieben werden.
3. Eine Anpassung der Einlagerungskapazität an die aktuellen Anforderungen ist jederzeit durch einen Anschluß von Ergänzungseinheiten oder durch eine Außerbetriebnahme nicht benötigter Kryogefäße kurzfristig möglich. Unnötige „Toträume" brauchen nicht in Kauf genommen zu werden.
4. Die Probeneinlagerung und -entnahme ist unproblematisch.
5. Die Temperaturen beim Transport und Lagerung sind identisch.
6. Flüssiger Stickstoff ist überall erhältlich und relativ billig.
7. Stromausfälle führen nicht zu einer Unterbrechung der Kühlung.

Das Risiko technischer Störungen, wie sie zu Beginn des Forschungsvorhabens auftraten, wurde durch Veränderungen am System verringert. Durch die Installation geeigneter Sicherheitseinrichtungen kann das Probengut vor Schäden bewahrt werden.

Die *Analysenergebnisse* der in zeitlichen Abständen untersuchten Proben aus der eigenen Deponie und aus den Banken der Forschungspartner lassen bei aller Vorsicht, die aufgrund der zum Teil erheblichen analytischen Unschärfe geboten ist, den Schluß zu, daß sich die ausgewählten Parameter während der Tiefgefrierlagerung nicht verändert haben. Auch deponiespezifische Unterschiede wurden nicht festgestellt.

Nach der Theorie vom Einfluß der Temperatur auf die Geschwindigkeit chemischer Reaktionen bewirkt eine Verringerung der Temperatur um je 10 °C eine Abnahme der Reaktionsgeschwindigkeit um den Faktor 2–3. Dieses bedeutet, daß sich bei einer Kryolagerung bei − 140 °C die Reaktionsgeschwindigkeit verglichen mit derjenigen bei Raumtemperatur um den Faktor 2^{-16} bis 3^{-16} verändert. Weil die durch die niedrige Temperatur hervorgerufene Entropie-Abnahme die Reaktionsmöglichkeiten zusätzlich einschränkt, ist aus diesen Überlegungen zu folgern, daß sich das Probengut während einer Lagerung bei − 140 °C über ein Jahr vermutlich weniger verändert als während der Aufbewahrung bei Raumtemperatur in einer Sekunde. Da chemische Reaktionen also nahezu zum Erliegen kommen, bietet die Lagerung unter tiefkalten Bedingungen eine ideale Voraussetzung zur Konservierung der Proben im Originalzustand. Eine weitaus größere Bedeutung für mögliche Veränderungen der Proben haben dagegen die folgenden Faktoren:

1. Zeit zwischen Gewinnen und Einfrieren der Probe,
2. Geschwindigkeit des Einfriervorganges,
3. mögliche Aufwärmung bei Umlagerung und Transport,
4. Geschwindigkeit des Auftauvorganges,
5. Art und Dauer der Aufbereitung der Proben zur Inhaltsstoffbestimmung.

Im Jahre 1984 wurde darum mit der Prüfung des Einflusses verschiedener Faktoren, wie z. B. Zeit, Temperatur, Licht und Sauerstoff, auf die Untersuchung nicht persistenter Rückstände bzw. Verunreinigungen sowie von Haltbarkeitsparametern in Kuh- und Frauenmilch begonnen. Die bisherigen Ergebnisse dieser Untersuchungen zeigen, daß z. B. ein hoher Keimgehalt von Umweltproben nach dem Auftauen zu einer raschen Verringerung ursprünglicher Nitrit- oder Nitratgehalte und insbesondere auch zu einer Verschiebung der Anteilverhältnisse beider Substrate führen kann. Deshalb muß in Zukunft verstärkt darauf geachtet werden, daß bei der Gewinnung eine Keimbelastung der Proben und der Probengefäße vermieden wird.

Als lichtempfindlich erwiesen sich der als Beispiel für eine nicht persistente Verunreinigung gewählte Phosphorsäure-Ester Phoxim und der physiologische Inhaltsstoff Ascorbinsäure.

Die Abnahme des Ascorbinsäuregehaltes von Milch über die Zeit in Abhängigkeit von unterschiedlichen Lagerungstemperaturen zeigt Abb. 2.

Aus dem Vergleich ergibt sich, daß sowohl bei Raum- als auch bei Kühlschranktemperatur in wenigen Stunden eine Konzentrationsabnahme erfolgt. Die Vermutung, daß diese Abnahme im wesentlichen oxidativen Prozessen zuzuschreiben ist, wurde in einem Belastungsversuch mit Sauerstoff geprüft und bestätigt.

Da bei Zimmertemperatur mit einer kombinierten Wirkung verschiedenster Einflußfaktoren zu rechnen ist, sollte in der kritischen Phase vor und nach der Einlagerung besonders sorgfältig mit dem Probengut umgegangen werden. Damit die originäre Zusammensetzung der Matrices erfaßt werden kann, erscheint es unumgänglich, durch Standardvorschriften sowohl die Gewinnung und Einla-

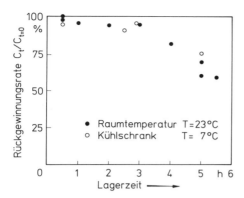

Abb. 2. Abnahme des Ascorbinsäuregehaltes von Milch über die Zeit in Abhängigkeit von unterschiedlichen Lagerungsbedingungen

gerung als auch das Auftauen und Aufarbeiten der Proben so zu regeln, daß Beeinflussungsmöglichkeiten weitgehend ausgeschaltet werden können. Die Ermittlung „sicherer Bereiche" als Grundlage für derartige Vorschriften ist das Ziel unserer weiteren Arbeiten.

7 Schlußfolgerungen

Die Bearbeitung des Projektes hat bisher gezeigt, daß die für das Konzept einer Probenbank „Milch und sonstige Umweltsubstrate" notwendigen Erfahrungen hinsichtlich Auswahl, Gewinnung und Portionierung der Proben, Auswahl, Material und Abdichtung der Gefäße, Kryolagerung und Analytik in einem erheblichen Umfang gesammelt und für methodische Fortentwicklungen und theoretische Konzepte verwendet werden konnten. Die Summe der Erfahrungen und Erkenntnisse ist als Basis für die Errichtung einer Umweltprobenbank für Kuhmilch in der Bundesrepublik Deutschland geeignet. Aufgrund ihrer großen Bedeutung für die menschliche Ernährung ist Kuhmilch ein wichtiges Glied der Nahrungskette: Luft, Wasser, Boden – Pflanze – Tier – Mensch. Sie weist ein vergleichsweise breites Spektrum der verschiedensten Rückstände und Verunreinigungen auf, wobei die Rückstandshöhen deutlich ausgeprägter sind als bei anderen Lebensmitteln tierischer Herkunft. Eine Ausnahme machen lediglich toxische Schwermetalle wie Blei und Cadmium, die aufgrund der Filterwirkung des Milchtieres primär in Leber, Niere und Knochensystem abgelagert werden und nur zu geringsten Anteilen in die Milch übertreten. Für eine künftige Umweltprobenbank sollte das Substrat Milch in 2jährigen Abständen gewonnen und eingelagert werden. Aufgrund der relativ kurzen Generationszeit bei Milchkühen werden auf diese Weise die Veränderungen der Belastungssituation optimal und lückenlos erfaßt.

Frauenmilch ist ein leicht, schmerzfrei und wiederholbar zu gewinnender Indikator für die Umweltbelastung des Menschen. Als einziges Nahrungsmittel für den am Ende der Nahrungskette stehenden mit Muttermilch ernährten Säugling verdient es dieses Substrat in besonderer Weise, in das Umweltprobenbankprojekt einbezogen zu werden.

Literatur

I. Aus dem Jahre 1980

1. Deutsche Gesellschaft für Ernährung (1980) Ernährungsbericht 1980, Frankfurt
2. Hamann J, Heeschen W (1980) Zum Einfluß einer einmaligen Applikation der Anthelmintika Panacur und Thibenzole auf die Milchleistung. Milchwissenschaft 35:154–156
3. Hamann J, Heeschen W, Tolle A (1980) Untersuchungen über Nachweis, Isolierung und Identifizierung von Antibiotika-Rückständen in der Milch. 6. Mitteilung: Die Hemmung der Laktatbildung als Meßkriterium im Screening-Test zum Nachweis antibiotisch wirksamer Substanzen. Milchwissenschaft 35:544–546
4. Heeschen W (1980) Toxikologische Bewertung von HCH-Rückständen. Kieler Milchwirtschaftliche Forschungsberichte 32:151–159
5. Heeschen W, Nijhuis H, Blüthgen A (1980) Untersuchungen zur Bedeutung des Um- und Abbaus von Hexachlorcyclohexan (HCH) im Milchtier und in der Umwelt für die HCH-Kontamination der Milch. Milchwissenschaft 35:221–224
6. Lorenzen PC (1980) Tierexperimentelle Untersuchungen zur Ermittlung der carry over-Rate von Nitrat in die Milch nach oraler Verabreichung beim Rind. Diplomarbeit Universität Kiel (Institut für Hygiene der Bundesanstalt für Milchforschung)
7. Nijhuis H, Heeschen W, Blüthgen A, Tolle A (1980) Zum Vorkommen von Nitrat und Nitrit in Milch und Milcherzeugnissen – eine Situationsanalyse. Milchwissenschaft 35:678–680
8. Ostermeier A (1980) Vorkommen und Bedeutung von Aflatoxinen und sonstigen Mykotoxinen in von Tieren stammenden Lebensmitteln. Diplomarbeit Universität Kiel (Institut für Hygiene der Bundesanstalt für Milchforschung)

II. Aus dem Jahre 1981

1. Conrad U (1981) Vorkommen des Spurenelements Jod in der Milch – Nachweis, Kontaminationsursachen und lebensmittelhygienische Bedeutung. Diplomarbeit Universität Kiel (Institut für Hygiene der Bundesanstalt für Milchforschung)
2. Hamann J, Heeschen W (1981) Ektoparasitenbekämpfung beim Rind und chemische Rückstände in der Milch. DVG-Tagungsbericht der 21. Arbeitstagung des Arbeitsgebietes Lebensmittelhygiene 225–231
3. Heeschen W, Blüthgen A (1981) Untersuchungen zur Bleikontamination der Milch. Angewandte Wissenschaft, Schriftenreihe des Bundesministeriums für Ernährung, Landwirtschaft und Forsten, Reihe A 254:53–60
4. Heeschen W, Blüthgen A, Tolle A, Engel G (1981) Untersuchungen zum Vorkommen von Aflatoxin M in Milch und Milchpulver in der Bundesrepublik Deutschland. Milchwissenschaft 36:1–4
5. Heeschen W, Tolle A (1981) Chlorierte Kohlenwasserstoffe in Frauenmilch – Situation und Bewertung. Die Molkerei-Zeitung „Welt der Milch" 36:302–311
6. Seyfried B (1981) Untersuchungen zur qualitativen und quantitativen Bestimmung ungesättigter Fettsäuren in Milch und tierischen Geweben zur Feststellung der Lagerfähigkeit zur Anlage einer Probenbank. Diplomarbeit Universität Kiel (Institut für Hygiene der Bundesanstalt für Milchforschung)
7. Tolle A, Heeschen W (1981) Chemische Rückstände in Milch und Milchprodukten – derzeitige Situation. Die Molkerei-Zeitung „Welt der Milch" 36:295–300
8. Vasold A (1981) Analytik der Rückstände chlorierter Kohlenwasserstoffe in Milch und Milcherzeugnissen (Clean-up mit der Gelpermeationschromatographie; Vergleich mit der Methode von Stijve und Cardinale). Diplomarbeit Universität Kiel (Institut für Hygiene der Bundesanstalt für Milchforschung)

III. Aus dem Jahre 1982

1. Blüthgen A, Heeschen W, Nijhuis H (1982) Zum gaschromatographischen Nachweis von Fasziolizidrückständen in Milch. Milchwissenschaft 37:206–211
2. Hamann J, Heeschen W (1982) Zum Jodgehalt der Milch. Milchwissenschaft 37:525–529

3. Heeschen W (1982) Schadstoffkonzentration in der Muttermilch. Gynäkologische Praxis 6:469–474

4. Heeschen W (1982) Rückstände von Arzneimitteln, Pestiziden und Umweltchemikalien in der Milch – ein Überblick zur gegenwärtigen Situation. Tierärztliche Umschau 37:538–545

5. Nijhuis H, Blüthgen A, Heeschen W (1982) Untersuchungen zum Einsatz der Gelpermeationschromatographie in der Rückstandsanalytik. 1. Nachweis von Aflatoxin B_1 in Futtermitteln für Milchtiere. Milchwissenschaft 37:449–453

6. Nijhuis H, Heeschen W, Hahne K-H (1982) Zur Bestimmung von Pyrethrum und Piperonylbutoxid in der Milch mit der Hochleistungs-Flüssigkeits-Chromatographie (HPLC). Milchwissenschaft 37:97–100

7. Nijhuis H, Heeschen W, Lorenzen PC (1982) Tierexperimentelle Untersuchungen zur Ermittlung der carry over-Rate von Nitrat in die Milch nach oraler Aufnahme beim laktierenden Rind. Milchwissenschaft 37:30–32

8. Schröder M (1982) Rückstände von organischen synthetischen pestizidwirksamen Agrochemikalien in Nahrungsmitteln – Bestandsaufnahme und Versuch einer Bewertung. Diplomarbeit Universität Kiel (Institut für Hygiene der Bundesanstalt für Milchforschung)

9. Timm I (1982) Untersuchungen zur oralen Langzeitapplikation und zum carry over von HCH-Isomeren bei laktierenden Kühen. Diplomarbeit Universität Kiel (Institut für Hygiene der Bundesanstalt für Milchforschung)

IV. Aus dem Jahre 1983

1. Barke E, Hapke H-J, Heeschen W, Kreuzer W, Kübler W, Schreiber W (1983) Rückstände in Lebensmitteln tierischer Herkunft. Deutsche Forschungsgemeinschaft – Mitteilung X der Kommission zur Prüfung von Rückständen in Lebensmitteln

2. Bettin U (1983) Untersuchungen zum Verhalten von HCH-Isomeren im Körper des Rindes und deren Ausscheidung mit der Milch. Dissertation Tierärztliche Hochschule Hannover (Institut für Hygiene der Bundesanstalt für Milchforschung)

3. Bundesminister für Ernährung, Landwirtschaft und Forsten (Hrsg) (1983) Statistisches Jahrbuch für Ernährung, Landwirtschaft und Forsten 1982. Kohlhammer

4. Hamann J, Heeschen W, Blüthgen A (1983) Coumaphos-Rückstände in der Milch nach kutaner Applikation eines 1%igen Coumaphos-Puders (Asuntol) an laktierende Kühe. Milchwissenschaft 38:668–670

5. Heeschen W (1983) Rückstände und Verunreinigungen in der Milch. Deutsche Tierärztliche Wochenschrift 90:236–238

6. Heeschen W, Blüthgen A, Nijhuis H (1983) Zur Bedeutung von Futtermitteln für die Kontamination von Milch mit Hexachlorcyclohexan und Aflatoxin. Deutsche Milchwirtschaft 34:1027–1030

7. Heeschen W, Nijhuis H, Blüthgen A (1983) Aflatoxin M_1 – Bildung, Analytik, carry over aus Futtermitteln und Situation in der Milch. Deutsche Molkerei-Zeitung 104:1434

8. Hönigschmied E (1983) Zur Situation der Aflatoxinkontamination von Milch, Frauenmilch und Babynahrung. Diplomarbeit Universität Kiel (Institut für Hygiene der Bundesanstalt für Milchforschung)

9. Mühlhoff C (1983) Untersuchungen zum Nachweis von Aflatoxin M_1 in Milch – Clean up mit Hilfe der Gelpermeationschromatographie. Diplomarbeit Universität Kiel (Institut für Hygiene der Bundesanstalt für Milchforschung)

10. Nijhuis H, Heeschen W, Mühlhoff C (1983) Untersuchungen zum Einsatz der Gelpermeationschromatographie in der Rückstandsanalytik. 2. Nachweis von Aflatoxin M_1 in Milch. Milchwissenschaft 38:157–159

11. Padeffke A-L (1983) Rückstandsanalytik von chlorierten Kohlenwasserstoffen in Milch – Untersuchungen zum Einsatz von Kieselgelsäulen beim Clean-up. Diplomarbeit Universität Kiel (Institut für Hygiene der Bundesanstalt für Milchforschung)

12. Rönn U v (1983) Tierexperimentelle Untersuchungen zum carry over von HCH-Isomeren aus salbenförmigen Zubereitungen zur Hautapplikation in Körperfett und Milch. Diplomarbeit Universität Kiel (Institut für Hygiene der Bundesanstalt für Milchforschung)

13. Schrubar S (1983) Untersuchungen zur biologischen Halbwertzeit von HCH-Isomeren nach oraler Applikation an nicht laktierende Mäuse. Diplomarbeit Universität Kiel (Institut für Hygiene der Bundesanstalt für Milchforschung)

14. Seidel M (1983) Zur Situation von HCH-Isomeren in Tränkewasser und deren Bedeutung für die HCH-Kontamination in der Milch. Diplomarbeit Universität Kiel (Institut für Hygiene der Bundesanstalt für Milchforschung)
15. Untiedt S (1983) Untersuchungen zum Nachweis von Blei und Cadmium in Milch mit Hilfe der Atomabsorption. Diplomarbeit Universität Kiel (Institut für Hygiene der Bundesanstalt für Milchforschung)

V. Aus dem Jahre 1984

1. Deutsche Gesellschaft für Ernährung (Hrsg) Ernährungsbericht 1984, Frankfurt

Lagerfähigkeit und Lagertechnologie von pflanzenschutzmittelhaltigen Erntegutproben

W. Ebing und D. Strupp

Inhalt

1 Einleitung und Problemstellung

Deutlich vor Beginn des Pilotprojektes Umweltprobenbank fiel der Berliner Arbeitsgruppe innerhalb der Biologischen Bundesanstalt die Aufgabe zu, nach den Haltbarkeitsbedingungen für Pflanzenmaterial über eine überdurchschnittlich lange Aufbewahrungszeit zu suchen, wobei insbesondere die Spurengehalte organisch-chemischer Fremdchemikalien zu beobachten waren.

Bisher waren Probenlagerungsbedingungen nur unzureichend und stets hinsichtlich Pflanzenschutzmittelrückständen untersucht worden. Das im Kühlschrank oder in der Tiefkühltruhe gelagerte Untersuchungsgut erlitt in der Regel Verluste im Gehalt an Pflanzenbehandlungsmitteln über die Lagerzeit, und zwar in Abhängigkeit von der Lagerungstemperatur, der Matrix oder der untersuchten Wirkstoffe [1–5]. Allerdings widersprachen die mitgeteilten Ergebnisse teilweise einander. Nur in einigen Fällen wurde von Haltbarkeiten berichtet, jedoch niemals über mehrjährige Perioden.

Das Konzept der vorliegenden Untersuchung verfolgte zum einen das Ziel, Lagerungsbedingungen zu erarbeiten, die für die meisten Laboratorien, die sich mit Spurenuntersuchungen organisch-chemischer Fremdstoffe zu befassen haben – nämlich den Pflanzenschutzmittelrückstandslaboratorien –, ohne allzu großen Aufwand nachvollzogen werden können. Deshalb wurden alle Untersuchungen für diesen Zweck auf die Lagerbedingungen in elektrisch betriebenen Tiefkühltruhen ausgerichtet. Solche Truhen erlauben heute die Erzeugung von Temperaturen bis zu −90 °C. Zum zweiten beteiligten wir uns als Partner am Aufbau einer zentralen, unspezifischen Umweltprobenbank-Pilotanlage (in der KFA Jülich), in welcher die Lagerung der Proben bei Temperaturen des Dampfes über flüssigem Stickstoff erprobt wurde.

2 Terrestrische „Satelliten-Umweltprobenbank System Pflanze/Boden"

Lagerraum für Temperaturen −85 °C bis −90 °C in Form von Tiefstkühltruhen mit Ausfallmeldeanlage und Sicherheitsnotkühlung wurde in der Biologischen Bundesanstalt für Land- und Forstwirtschaft in Berlin zur Aufnahme von Pflanzen- und Bodenproben geschaffen.

Als technische Versuchsmatrix-Typen wurden folgende Beispiele ausgewählt:

a) Repräsentant für bodenbedeckenden Grünbewuchs: Gras; hier *Lolium multiflorum*-Reinkulturen
b) Zur Kultur gehöriger Boden,
c) Repräsentant für das weltweit wichtigste pflanzliche Nahrungsmittel: Weizen
d) Zur Kultur gehöriger Boden.

Gelegentlich wurden auch Proben von Bodenorganismen versuchsweise eingelagert. Die Aufbewahrungsbedingungen wurden – wie nachstehend beschrieben – generell für alle Matrizes aus dem Bereich des Systems „Pflanze/Boden" optimiert und so eine spezielle „Umweltprobenbank System Pflanze/Boden" neben der Zentralbank in Jülich entwickelt.

3 Lagerungstechnologie

Das vorstehend angegebene Probenmaterial wurde zur Erprobung in den Lagerungsversuchen artifiziell mit definierten Mengen von stabileren (Chlorkohlenwasserstoffe) und weniger stabilen (Organophosphorsäureester) organisch chemischen Kontaminierungsstoffen aus dem Bereich der Pflanzenschutzmittelwirkstoffe versetzt (vgl. Tabelle 1).

Da bei der Zerstörung pflanzlicher Zellgewebe sofort erhebliche Mengen abbauender Pflanzen-Enzyme freigesetzt werden, wurde die Aufbewahrung möglichst wenig oder gar nicht zerkleinerter Pflanzenproben notwendig. Unter Berücksichtigung dieses Gesichtspunktes wurde die Eignung folgender Behältnisse geprüft:

a) Verschweißter PVC-Folienbeutel
b) Speziell gefalzte Haushaltsalufolie
c) Aludosen
d) Verschiedene Glasflaschen
e) Glasampullen.

Tabelle 1. Nomenklatur der im Modellversuch zum Test verwendeten Fremdstoffe

Chemische Bezeichnung	Common name
Gruppe der Chlorkohlenwasserstoffe	
γ-1,2,3,4,5,6-Hexachlor-cyclohexan	Lindan
Hexachlorbenzol	HCB
1,4,5,6,7,8,8-Heptachlor-2,3-epoxy-3a,4,7,7a-tetrahydro- 4,7-endo-methanindan	Heptachlorepoxid
1,1-Dichlor-2,2-bis-(4-chlorphenyl)-ethylen	p.p'-DDE
1,1,1-Trichlor-2,2-bis-(4-chlorphenyl)-ethan	p.p'-DDT
Gruppe der Organophosphorsäureester	
O,O-Dimethyl-S-(N-methylcarbamoylmethyl)-dithiophosphat	Dimethoat
O, O-Dimethyl-S-[1,2-bis-(ethoxy-carbonyl)-ethyl]-dithiophosphat	Malathion
O,O-Dimethyl-S-(2-methoxy-1,3,4-thiadiazol-5-[4H]-onyl(4)-methyl- dithiophosphat	Methidathion
O,O-Diethyl-O-(4-nitrophenyl)-thiophosphat	Parathion
O,O-Diethyl-S-(ethylthio-ethyl)-dithiophosphat	Disulfoton

a) und b) haben sich aus verschiedenen Gründen nicht bewährt. Zur Weiterentwicklung der Lagertechnologie wurden die in Abb. 1 dargestellten Probenlage-
rungsgefäße eingesetzt, bei welchen die Vorteile die Nachteile überwogen. Ein bisher noch nicht voll zufriedenstellend gelöstes Problem bleiben die unter den Lagerungsbedingungen nicht völlig dichtenden Schraubverschlüsse.

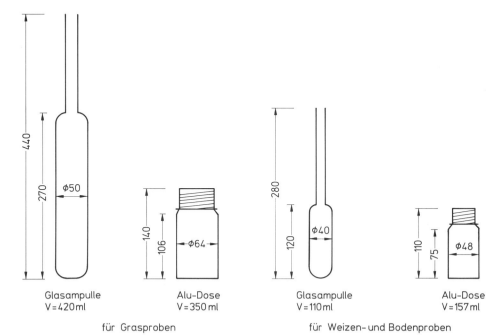

Glasampulle   Alu-Dose   Glasampulle   Alu-Dose
V = 420 ml   V = 350 ml   V = 110 ml   V = 157 ml

für Grasproben   für Weizen- und Bodenproben

Abb. 1. Probenlagergefäße für im Labor kontaminierte Proben. Angaben in mm

Tabelle 2. Übersicht der untersuchten, künstlich kontaminierten Probentypen. Untersuchung auf Gehalte an ausgewählten Chlorkohlenwasserstoffen und Organophosphorsäureester laborkontaminierter Proben, eingelagert 1979/1980 in Glasampullen und Aluminiumdosen (gelagert in der Satellitenbank in der Biologischen Bundesanstalt)

Matrix	Behälter-material	Lagerungs-temperatur (°C)	Fremdstoffkonzentration (mg/kg)		
			I	II	III
Lolium multiflorum	Glas	−85	1,0	0,3	0,05
Lolium multiflorum	Aluminium	−85	1,0	0,3	0,05
Weizen	Glas	−85	1,0	0,3	0,05
Weizen	Aluminium	−85	1,0	0,3	0,05
Boden	Glas	−85	1,0	0,3	0,05
Boden	Aluminium	−85	1,0	0,3	0,05

Im Jahr 1981 eingelagerte, laborkontaminierte Proben, gelagert in der Zentralbank in Jülich, eingebracht in Schott-Duran-Glasflaschen mit Kunststoffschraubverschluß

| *Lolium multiflorum* | Glas | −150 | | 0,3 | |
| Boden | Glas | −150 | | 0,3 | |

Für das Portionieren, Abfüllen, Temperieren des Lagergutes bis zum Verschließen der Probengefäße wurde eine geeignete Technologie entwickelt.

Verfahren zur systematischen Organisation der Anordnung der Proben im Lagerraum, der Dokumentation und der Spurenanalytik für den Gehalt der Proben an den zu überprüfenden Kontaminanten wurden ausgearbeitet. Die Lagerung wurde mit 360 Proben in der Satellitenbank und zum Vergleich mit weiteren 70 Proben in der Zentralbank 4 Jahre lang analytisch überwacht. Über diese Versuchsproben gibt Tabelle 2 Auskunft.

Im Endergebnis haben sich über diese Lagerzeit die Fremdstoffgehalte in den Proben statistisch signifikant nicht verändert. Unterschiede durch die Gefäßtypen und -materialien sowie durch die beiden Lagertemperaturen ware nicht feststellbar.

4 Einlagerung sog. Umweltproben

Die Berliner Arbeitsgruppe versorgte das Gemeinschaftsprojekt mit Probenmaterial ihres Zuständigkeitsbereiches, welches ohne eigenes Zutun „gewachsene" Rückstände an Kontaminanten enthielt. Dabei handelte es sich in der Regel um einige Chlorkohlenwasserstoff-Insektizide in Konzentrationen zwischen 2 und 30 µg/kg.

Das Gras wurde einer Fruchtfolgewiese (mit Hauptbestandteil *Phleum pratense*) eines Berliner Vertragsbauern entnommen; der zugehörige Boden ebenda. Vom gleichen landwirtschaftlichen Erzeugerbetrieb wurde der Weizen aus der Ernte eines Anbaues der Sorte „Jubilar" 1980/81 erhalten. Auch hier wurden die zugehörigen Bodenproben zusätzlich entnommen.

315 dieser Proben wurden auf die Zentral- und die Satellitenbank gleichverteilt 2,5 Jahre lang gelagert (vgl. dazu Tabelle 3). Weitere Proben kamen hinzu

Tabelle 3. Übersicht über die im Jahre 1981 eingebrachten Umweltproben zur Untersuchung auf Chlorkohlenwasserstoffe

Matrix	Behältermaterial	Lagerungstemperatur (°C)	Lagerungsort
Phleum pratense	Glas	−150	Jülich
Phleum pratense	Glas	− 85	Berlin
zugehöriger Boden	Glas	−150	Jülich
zugehöriger Boden	Glas	− 85	Berlin
Weizen	Glas	−150	Jülich
Weizen	Glas	− 85	Berlin
zugehöriger Boden	Glas	−150	Jülich
zugehöriger Boden	Glas	− 85	Berlin
Parabraunerde	Glas	−150	Jülich

für die Bedürfnisse derjenigen Partner des Projekts, die andere Kontaminanten (Schwermetalle, polycyclische aromatische Kohlenwasserstoffe) überwachten. Bei allen Umweltproben fanden Schott-Duranglas-Flaschen mit Schraubverschluß und zusätzlicher Dichtung Anwendung.

Die periodisch durchgeführten Rückstandsanalysen ergaben auch hier in allen Fällen keine statistisch signifikante Konzentrationsänderung mit der Zeit. Diese Auswertung erfolgte nach einem eigens für diesen Zweck hier entwickelten graphischen Verfahren.

5 Probencharakterisierung

Die eingelagerten Proben erhalten ihren Wert erst durch die möglichst umfassende Beschreibung des Probenahmeortes hinsichtlich aller auf die Entwicklung der Pflanze und die mögliche Immission von Schadstoffen durch die Pflanze Einfluß nehmender Faktoren. Dazu gehören:

a) die genaue geographische und durch Koordinaten (UTM, Soldner o. ä.) definierte Standortbeschreibung
b) die exakte Beschreibung der Umfeldnutzung (Industrie [welche Produkte, wann, wieviel?]; Landwirtschaft [welche, welche Behandlungsmaßnahmen, wann?])
c) der längerfristige und der unmittelbar vorangehende Klimaverlauf.

Dies wird im Detail in einer Veröffentlichung [6] diskutiert und insbesondere wird auf die Schwierigkeiten eingegangen, die bei der Ermittlung dieser Informationen auftreten.

Natürlich muß auch das Probenobjekt selbst genau charakterisiert werden. Dies erfordert insbesondere im Falle des Bodens eine Profil-Untersuchung durch einen Bodensachverständigen und eine etwas aufwendige, physikalisch-chemische Charakterisierung des Bodens etwa gemäß der Veröffentlichung [7].

Für Boden, Gras und Weizen wurden zur Erhebung aller kennzeichnenden Informationen geeignete Formblätter ausgearbeitet.

6 Probenahme

Der Wahl des geeigneten Probenahmezeitpunktes kommt hinsichtlich des kurz-
zeitigen Kleinklimas und des Entwicklungszustandes der Pflanzen große Bedeutung zu. Beides muß hinreichend beschrieben sein. Fremdwasseranteile (Regen,
Tau) verfälschen die Einwaage. Kontaminanten-Konzentrationen können nur
bei Kenntnis des Wachstumszustandes richtig beurteilt werden.

Die entnommene Probe soll für eine – wenn auch kleine – Fläche repräsentativ
sein. Es ist daher ein statistisches Mehrfach-Einzelproben-Entnahmeverfahren
anzuwenden.

Sicherheit muß über die Homogenität der Mischprobe herrschen, die übrigens
so groß sein sollte, daß mindestens 100 Einzelproben davon in Lagergefäße eingebracht werden können.

Die optimalen Verfahren dazu wurden für die hier beschriebenen Matrizes
ausgearbeitet und sind im Rahmen des Gesamtprojekts in sog. technischen Be-
schreibungen der Probenahme für jede Matrix gesondert fixiert worden. Wichtigste Gesichtspunkte waren dabei die Repräsentanz (gute Durchmischung) und
exaktes Einwaagegewicht, bezogen auf den Zustand zum Zeitpunkt des Probe-
nehmens.

7 Probentransfer

Transporte zwischen Probenehmern, Bank und Analytikern erfolgten meistens
mit einem speziellen Autofahrdienst zuverlässig in 50 l-Tanks mit flüssigem Stickstoff als Kühlmittel. Auch Bahnversand in Styropor-isolierten Kartons mit Trok-
keneis als Kühlmittel gelang zufriedenstellend.

8 Sonstige Prüfungen auf mögliche Beeinträchtigung des Lagergutes

Gesonderte Versuche mit den geringen Spuren der organisch-chemischen Kontaminanten in polaren Lösungen hatten zum Ergebnis, daß wiederholte Einfrier-
und Auftauprozesse nach der entwickelten Methodik sich nicht in Veränderungen oder Verluste der Stoffe auswirkten. Auch blieb die Keimungsfähigkeit des
Weizens nach neunmonatiger Lagerung bei $-85\,°C$ unbeeinträchtigt.

In Versuchen mit einem radioaktiv markierten Phosphorsäureester-Kontami-
nanten in Weizen ergab sich, daß unter vorstehenden Einfrier- und Lagerbedingungen weder Metabolisierung noch Bildung von gebundenen Rückständen ein-
getreten war.

In einer Vorstudie des Berichterstatters [8] zum Umweltprobenbankprojekt
über die Bedeutung konjugierter, sog. Endmetaboliten von kontaminierenden
Wirkstoffen war ermittelt worden, daß diese für die Zwecke der Umweltprobenbank außer Betracht bleiben können.

9 Schlußfolgerung

Bereits eine Lagerung bei $-85\,°C$ konserviert biologische Umweltproben dauerhaft. Sie können für retrospektive Ursachen-Erforschung von Belastungszuständen der Natur, für Trend-Verfolgungen, Störfall-Ergründungen usw. zur Verfügung gehalten werden.

Bereits mit einem Investitionsaufwand ab 10 000 DM können in jedem beliebigen Rückstandsuntersuchungslabor kleinere solcher Lagerstätten – für Referenzzwecke und für Fälle des Arbeitsstaus – errichtet werden.

Bei der Biologischen Bundesanstalt ist im Verlauf der Pilotphase das Knowhow und die Einrichtung zu einer kleinen, speziell terrestrischen Umweltprobenbank für das System Pflanze/Boden entstanden.

Literatur

1. Kawar NS, Batista GC De, Gunther FA (1973) Residue Rev. 48:45–77
2. Wheeler WB, Thompson NP, Edelstein RL, Krause RT (1981) J Assoc Off Anal Chem 64(5):1211–1215
3. Shorland FB, Igene JO, Pearson AM, Thomas JW, McGuffey RK, Aldrige E (1981) J Agric Food Chem 29:863–871
4. Pattee HE, Young CT, Giesbrecht FG (1981) J Agric Food Chem 29:800–802
5. Hill A, Smart N (1981) J Agric Food Chem 29:675–677
6. Strupp D, Ebing W (1983) Fresenius Z Anal Chem 314:13–20
7. Ebing W, Hoffmann G (1975) Fresenius Z Anal Chem 275:11–13
8. Ebing W, Haque A (1981) Umweltprobenbank. Bd I. Ergebnisse der Vorstudien (1. Teil) und Projektierung der Pilotphase. Umweltbundesamt, Projektträger für den BMFT. Berlin Feb 157–193
9. Ebing W, Strupp D (1982) The Fifth International Congress of Pesticide Chemistry (IUPAC). Aug 29–Sept 4. Kyoto, Contribution VIIe-1
10. Ebing W, Strupp D (1984) Mitt aus der Biol Bundesanstalt 223:336
11. Klussmann U, Strupp D, Ebing W (1985) Fresenius Z Anal Chem 322:456–461
12. Strupp D, Klussmann U, Ebing W (1985) Fresenius Z Anal Chem 322:747–751
13. Strupp D, Klussmann U, Ebing W (1986) Forschungsbericht BMFT-FB-T 86-041

Aufbau einer Pilot-Umweltprobenbank und laufende Kontrolle der Konzentration ausgewählter Umweltchemikalien

M. Stoeppler, H. W. Dürbeck, J. D. Schladot und H. W. Nürnberg (†)

Inhalt

1 Einleitung

Das Institut für Angewandte Physikalische Chemie (ICH-4) der Kernforschungsanlage (KFA) Jülich befaßt sich seit Anfang der 70er Jahre mit Umweltanalytik und Umweltchemie. Bereits seit 1973 beteiligte es sich an einem vom Bundesministerium für Forschung und Technologie (BMFT) geförderten Programm, das neben der Neu- und Weiterentwicklung präziser Bestimmungsmethoden für toxische Metalle auch Beiträge zur erstmaligen Festlegung von Normalgehalten für Blei, Cadmium, Quecksilber und Nickel in Human- und Umweltmaterialien liefern sollte. Eine zunehmende Bedeutung erlangten in diesem Zusammenhang vergleichende Metallbestimmungen nach verschiedenartigen Analysenprinzipien wie Atomabsorptionsspektroskopie, Voltammetrie, Massenspektrometrie und Neutronenaktivierungsanalyse (Stoeppler und Nürnberg 1979; Nürnberg 1980; Stoeppler 1980).

Auf der Basis dieser Arbeiten wurden 1976 gezielte Forschungsarbeiten in Angriff genommen, die im Rahmen des Pilot-Umweltprobenbankprojekts von prioritärer Bedeutung waren. Im zeitlich bis 1978 befristeten Vorprojekt wurden in Jülich vor allem die Analytik und der Metabolismus anabol wirkender Substanzen untersucht (Dürbeck 1981) sowie verfeinerte Methoden für Total- und Methylquecksilber (Stoeppler und Dürbeck 1981) und Cadmium (Stoeppler 1981) entwickelt und auf verschiedene Probentypen angewandt. Dabei konnten deutliche Fortschritte für Nachweisgrenzen, Präzision und Richtigkeit erzielt werden. Da auch die Ergebnisse weiterer parallel laufender Vorprojekte generell vielversprechend waren, konnte das eigentliche Pilot-Umweltprobenbank-Programm 1979 begonnen werden. Hierbei sollte vor allem geklärt werden, ob und wie die wissenschaftlichen Zielvorstellungen einer Umweltprobenbank technisch realisiert werden könnten. In dem interdisziplinären Projekt mit differenzierten Aktivitäten im Bereich der Chemie, Analytik, Biologie, Ökologie und Technik nimmt die Kernforschungsanlage Jülich über das Institut für Angewandte Physikalische Chemie eine Schlüsselstellung wahr. Das Aufgabenspektrum erstreckt sich vom Aufbau und Betrieb einer Zentralbank zur Lagerung sämtlicher Probenarten des Pilotprojekts über Beiträge zur Probenahme und Probenhomogenisierung bis zur intensiven Beteiligung an den Projektteilen „Toxische Metalle" und „Polycyclische aromatische Kohlenwasserstoffe" in frischen und gelagerten Proben. Zu weiteren Aufgaben gehören die Bearbeitung der Schadstoffgruppe „Hormone und Steroide" sowie die Konzeption und Durchführung der Logistik des Gesamtprojektes. Zusätzlich zu den Sonderforschungsmitteln des Bundesministeriums für Forschung und Technologie für projektgebundene Stellen, für Investitionen und Verbrauchsmaterial fließen erhebliche Eigenmittel der KFA in das Projekt. Die KFA erstellte das Betriebsgebäude und beteiligte sich wesentlich an der Anschaffung der für die Wahrnehmung der übernommenen Aufgaben notwendigen Instrumentation, z. B. wurde 1984 ein Gerät modernster Bauart zur massenspektrometrischen Isotopenverdünnungsanalyse finanziert. Darüber hinaus wird ständig eine erhebliche zusätzliche Personalkapazität für die zu bewältigenden Aufgaben zur Verfügung gestellt.

2 Errichtung des Probenbankgebäudes, Kapazität und Betrieb der Zentralbank

Auf der Basis detaillierter Vorstellungen zur weitgehend kontaminationsfreien Probenvorbereitung und Lagerung wurde das Probenbankgebäude in Zusammenarbeit mit der Betriebsabteilung „Anlagenplanung und Bautechnik" der KFA konzipiert (Stoeppler et al. 1980) und im Mai 1981 in Betrieb genommen. Abbildung 1 zeigt die Außenansicht, Abb. 2 den Grundriß der Anlage. Im Eingangstrakt befinden sich die Büroräume der Logistikgruppe und des analytischen Personals. Eine Staubschleuse führt in die Arbeits- und Lagerräume, die durch Zustrom von filtrierter (turbulenter) Luft sowie durch einen zusätzlichen laminaren Luftstrom über den Arbeitsplätzen (clean bench) weitgehend staubfrei gehalten werden können. In diesem Bereich befinden sich drei Laborräume (4–6) und drei Räume zur Tieftemperaturlagerung (7a–7c). Im Kühlraum für Kompressorkühlung (3) steht ein Gesamtlagervolumen von 1,5 m³ für Temperaturen bis −80 °C zur Verfügung. Im größeren Kühlbereich sind 18 Tiefkühlbehälter mit 20,4 m³ Bruttovolumen für Flüssigstickstoffkühlung installiert. In diesen Behältern herrschen in der Gasphase Temperaturen zwischen ca. −160 °C (oberste Probenposition) und ca. −190 °C (unterste Probenposition über dem Flüssig-

Abb. 1. Außenansicht des Probenbankgebäudes in der Kernforschungsanlage Jülich

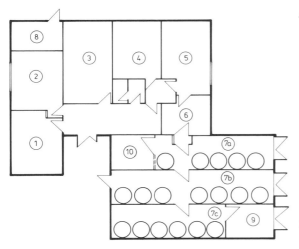

Abb. 2.
1) Büro I Organisation und technische Überwachung
2) Büro II Auswerteraum
3) Kühlraum −80 °C
4) Labor I PAH-Analyse
5) Labor II Analyse von Hg, Met-Hg, AS
6) Probenvorbereitungsraum
7a) N_2-Lagerräume 1 m³ Kryogefäße
7b) N_2-Lagerräume 1 m³ Kryogefäße
7c) N_2-Lagerräume 1,4 m³ Kryogefäße
8) TD-EV Versorgungsraum
9) Tiefkaltmahleinrichtung
10) Gefriertrocknungsanlagen, Siebanlagen

stickstoff). Durch eine Anfang 1984 montierte Anlage zur automatischen niveaukontrollierten Überwachung und Nachfüllung des Flüssigstickstoff-Reservoirs in jedem Behälter ist nunmehr vollautomatischer Betrieb gewährleistet. In vier Reservepositionen können weitere Tiefkühlbehälter untergebracht werden, um die Gesamtlagerkapazität auf 25–26 m³ zu erhöhen. Unter der Annahme einer einheitlichen Gefäßdimension von 20 cm³ für die Lagerung aller – überwiegend homogenisierter – Einzelproben haben die vorhandenen Tiefkühlbehälter bei opti-

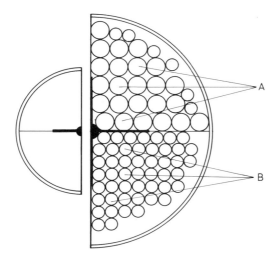

Abb. 3. Kryo-Gefäß – 2 Segmente mit Verrohrung herausgezeichnet. A, Verrohrung eines Segmentes für die Lagerung von 20-ml-Containern; max. 15 Etagen/Rohr mit je 7 Einzelcontainern/Etage. B, Verrohrung eines Segmentes für die Lagerung von 100-ml-Containern; max. 9 Container/Rohr

maler Raumausnutzung (Verrohrung) (vgl. Abb. 3) ein Fassungsvermögen von rund 110 000 Probengefäßen, so daß sich bei einem Schüttgewicht > 1 eine Lagerkapazität von mindestens 2,2 Tonnen ergibt, die damit auch zukünftigen Anforderungen gerecht wird.

Nach derzeitigen Vorstellungen sollen in einer permanenten mittelgroßen Umweltprobenbank der Bundesrepublik bis zu 25 verschiedene Probentypen eingelagert werden (Nürnberg 1984). Wenn man davon ausgeht, daß zu einer signifikanten Beschreibung und Erfassung ökologischer Trends ein 2jähriger Probenahmerhythmus erforderlich ist, bei dem jeweils 5 kg repräsentatives Material aus einer belasteten und einer relativ unbelasteten Region benötigt werden, so steht in der gegenwärtigen Zentralbank in Jülich hierzu eine Lagerkapazität bei Temperaturen $< -160\,°C$ für mindestens 15 Jahre zur Verfügung. Da aufgrund der bisherigen Kenntnisse weiterhin angenommen werden kann, daß die Lagerung über Flüssigstickstoff nur für organische Stoffe und ggf. metallorganische Verbindungen unumgänglich ist, während für Metalle Gefriertrocknung ausreichend sein dürfte, ergibt sich tatsächlich ein noch deutlich höheres Lagervolumen. Das würde entweder die Berücksichtigung zusätzlicher Umweltproben oder die Lagerung von 25 Probentypen über das Jahr 2000 hinaus ermöglichen.

Zu den ständigen Betriebsaufgaben der Zentralbank gehören sowohl die Einlagerung und Entnahme aller Proben als auch deren analytische Charakterisierung in bezug auf toxische Metalle und einige ausgewählte organische Schadstoffe (s. Abschn. 4). Hinzu kommt die Koordinierung aller Transportaufgaben vom Probenehmer bzw. von anderen, dem Gesamtprojekt angeschlossenen Banken zur Zentralbank und von der Zentralbank zu den einzelnen Laboratorien. Die Koordination der vielfältigen Einzelaspekte wurde im Pilotprojekt von der Logistikgruppe wahrgenommen und soll beim Anlaufen der eigentlichen Umweltprobenbank rechnergestützt und in Kooperation mit der Datenbank in Münster weitergeführt werden. Zu diesem Zweck wurde 1984 ein Rechnersystem beschafft und die Entwicklung geeigneter Programme vorangetrieben.

Laufende Transportaufgaben konnten im Rahmen des Pilotprojektes mit zwei VW-Kleintransportern in Flüssigstickstoff-Tiefkühltransportbehältern wahrgenommen werden. Dabei wurden insgesamt 5200 Einzelproben eingelagert und die entsprechenden Probentransporte unter den beschriebenen Bedingungen ohne Unterbrechung der Kühlkette durchgeführt. Ein weiteres Fahrzeug wurde Anfang 1984 in Dienst gestellt, so daß auch für den zukünftigen Betrieb der deutschen Umweltprobenbank ausreichend Transportkapazität zur Verfügung stehen wird.

Derzeit befinden sich noch rund 2 700 Proben in der Zentralbank, die für weitere methodische Studien sowie als Referenzmaterialien für zukünftige Untersuchungen vorgesehen sind.

3 Probenahme und Probenvorbereitung

Im Rahmen differenzierter Projektaufgaben zur Entwicklung matrix- und lagerungsspezifischer Probenahmetechniken wurde für marine Makroalgen (Braunalgen, *Fucus vesiculosus*) – neben einer einmaligen Probenahme (Entnahmeort Kiel-Strande) zur Bestimmung der Langzeitstabilität – das detaillierte Probenahmeprotokoll unter besonderer Berücksichtigung einer Vielzahl möglicher Fehlerquellen erarbeitet (Stoeppler et al. 1984). Sämtliche Arbeitsschritte, wie Entnahme, Entfernung anhaftender Fremdsubstanzen, Reinigung, Homogenisierung im gefrorenen Zustand mit Zirkondioxidkugelmühlen, Vermischen nach einer kurzen Auftauphase, Aliquotieren und erneutes Tieffrieren, konnten im Langzeit-Algen-Programm (s. u.) laufend getestet, verfeinert und schließlich standardisiert werden.

Zusätzlich und mit analogen Techniken wurden in Zusammenarbeit mit dem Institut für Biogeographie der Universität des Saarlandes, Saarbrücken und der Abt. für Analyt. Chemie der Universität Ulm Dreikantmuscheln (*Dreissena polymorpha*), Regenwürmer (*Lumbricus rubellus*), Goldlaufkäfer (*Carabus auratus*), Pappelblätter (*Populus nigra* 'Italica') sowie Karpfen homogenisiert, aliquotiert und tiefgefroren. Aufgrund vielfältiger und systematischer Voruntersuchungen wurden alle Probenmaterialien für die Bestimmung von organischen Schadstoffen in Glasgefäßen (Borosilikatglas, 20 bzw. 100 ml Inhalt) mit Schraubdeckeln und Indium- bzw. Aluminiumabdeckung eingelagert, während für die Metallanalyse Polyethylengefäße mit 20 ml Volumen, teilweise mit Einsätzen für Probenmengen < 5 g, Verwendung fanden.

Diese Gefäßtypen haben sich im bisherigen Programm bei sachgemäßer Behandlung außerordentlich bewährt, so daß für die zukünftige Einlagerung generell 20 ml Standardgefäße (Flüssigscintillationsgefäße) aus Glas bzw. Polyethylen empfohlen werden.

Im Zuge ständiger Forschungs- und Entwicklungsarbeiten zur Eliminierung potentieller Fehlerquellen bei der Probenvorbereitung wurden auf dem Gebiet der Homogenisierung beachtliche Fortschritte erzielt. In Zusammenarbeit mit KHD Humboldt-Wedag, Köln, wurde 1983 der Prototyp eines neuartigen, von KHD entwickelten, Homogenisierungssystems (Schwingmühlenprinzip, vgl.

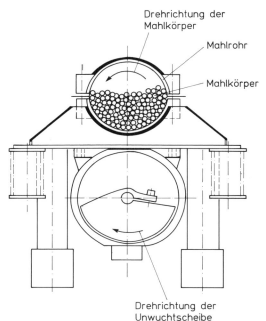

Drehrichtung der
Mahlkörper

Mahlrohr

Mahlkörper

Drehrichtung der
Unwuchtscheibe

Abb. 4. Funktionsskizze der Kaltmahlein-
richtung (mit freundlicher Genehmigung
der Fa. KHD Humboldt Wedag)

Abb. 4) erprobt, das bei Flüssigstickstofftemperaturen arbeitet. Die günstigen Resultate dieser Vorversuche führten zur Installation eines für die spezifischen Belange der Probenbank geeigneten Grundsystems, das ab 1985 weiter ausgebaut und für sämtliche Probentypen eingesetzt werden soll. Die Gesamtanlage wird nach Abschluß der Entwicklungsarbeiten eine ununterbrochene Kältekette von der Probenahme über die Homogenisation und Aliquotierung bis zur Einlagerung ermöglichen, wodurch eine weitgehend fehlerfreie Probenvorbereitung für die Umweltprobenbank garantiert werden kann.

4 Methodik; Langzeit-, Homogenitäts- und Stabilitätsstudien

4.1 Metalle, metallorganische Verbindungen

Auf der Basis des detaillierten Forschungsprogramms für das Gesamtprojekt wurde in Jülich im Bereich der toxischen Metalle vorrangig die Langzeitstabilität der Proben hinsichtlich Blei, Cadmium und Quecksilber untersucht. Da diese Untersuchungen weitgehend in allen eingelagerten Probentypen angestrebt wurden, waren methodisch eine Reihe matrixspezifischer Modifikationen modernster atomabsorptionsspektrometrischer, voltammetrischer und massenspektrometrischer Verfahren erforderlich, um eindeutige Aussagen zur Homogenität der Proben sowie zur Langzeitstabilität zunächst für Blei und Cadmium zu erhalten (Stoeppler 1984; Ostapczuk et al. 1983, 1984; Waidmann et al. 1984).

Tabelle 1. Erzielte Langzeitreproduzierbarkeiten (Mittelwert ± Standardabweichung) für Cadmium, Blei und Quecksilber von Mitte 1981–Mitte 1983 in bei tiefen Temperaturen gelagerten Homogenaten des Pilot-Umweltprobenbankprogramms. Überwiegend Daten von 4 Analysenserien, Werte in µg/l bzw. µg/kg Feuchtgewicht. Die Reproduzierbarkeitsunsicherheit ist absolut und in Prozent angegeben

Material	Cadmium	%	Blei	%	Quecksilber	%
Humanblut	0,64 ± 0,045	(7)	75 ± 1,5	(2)	1,31 ± 0,03	(2,3)
Humanleber	1 500 ± 50	(3,3)	1 070 ± 50	(4,3)	59,9 ± 1,3	(2,2)
Humanfettgewebe[a]	–				–	
Parabraunerde	164 ± 8	(4.9)	14 800 ± 270	(1,8)	52 ± 2	(2,8)
Gras	21,8 ± 0,9	(4,2)	230 ± 20	(8,9)	4,30 ± 0,1	(2,3)
Pappelblätter	1 040 ± 40	(3,8)	6 450 ± 150	(2,3)	18,4 ± 0,5	(2,7)
Regenwürmer	1 100 ± 30	(2,7)	2 300 ± 150	(6,5)	21,3 ± 0,4	(1,9)
Laufkäfer	960 ± 100	(10.4)	800 ± 60	(7,5)	63 ± 1,3	(2,1)
Klärschlamm	750 ± 40[b]	(5,3)	24 900 ± 600	(2,4)	480 ± 10	(2,1)
Kuhmilch[c]	0,07 ± 0,02		2 ± 0,5			
Karpfen	1.0		10		72 ± 5	(6,9)
Dreikantmuscheln	470 ± 30	(6,4)	300 ± 30	(10)	11,9 ± 0,6	(5)
Braunalgen	260 ± 5	(1,9)	680 ± 70[d]	(10,3)	9,9 ± 0,8[d]	(8,1)

[a] Im Humanfettgewebe sind Cd, Pb und Hg nachweisbar. Aufgrund des schwierigen Aufschlusses wurde jedoch zunächst auf eine regelmäßige Bestimmung verzichtet.
[b] Cadmium im Klärschlamm konnte erst ab 1983 reproduzierbar bestimmt werden, hier handelt es sich somit nicht um ein mehrjähriges Mittel.
[c] Werte für Cd und Pb in Kuhmilch sind erste Ergebnisse eines neuen Direktverfahrens.
[d] Für das Material Braunalgen liegen bereits Daten von 5 Analysenserien vor.

Beim Quecksilber erwiesen sich die zu Beginn der eigentlichen Pilotphase verfügbaren Methoden zur präzisen Ermittlung der teilweise extrem niedrigen Gehalte in den zu untersuchenden Proben als nicht nachweisstark genug. Basierend auf Erfahrungen bei der Bestimmung extrem geringer Quecksilbergehalte in natürlichen Gewässern, wurde daher ein Konzept zur empfindlicheren und störungs-, d.h. kontaminationsfreien Routine-Quecksilberbestimmung in biologischen und Umweltmaterialien erarbeitet und im Routinebetrieb eingesetzt (Stoeppler 1983; May und Stoeppler 1984). Die in Tabelle 1 zusammengefaßten Daten der bisher ermittelten Langzeitreproduzierbarkeiten für Blei, Cadmium und Quecksilber belegen eindeutig, daß nunmehr auch für sehr geringe Quecksilbergehalte zuverlässige Aussagen zur Homogenität und Langzeitstabilität möglich sind.

Die in den Homogenaten der Pilotphase untersuchten Metalle (Tabelle 1) und die Ergebnisse für Arsen (Tabelle 2) zeigen im Langzeitversuch eine durchschnittliche Reproduzierbarkeit der Ergebnisse von <10% (Vertrauensbereich 95%). Neben dem Nachweis der Homogenität der eingelagerten Materialien konnte damit im Vergleich zu simultan analysierten Referenzmaterialien auch die Langzeitstabilität im Untersuchungszeitraum bewiesen werden (Stoeppler 1984).

Unter Anwendung der instrumentellen Neutronenaktivierungsanalyse, der AAS, der Voltammetrie und der Massenspektrometrie konnten für einige ausgewählte Materialien der Pilotphase erstmals Multielementfingerprints erstellt werden. Bei entsprechender Auswertung und Auftragung in einer logarithmischen

Tabelle 2. Total-Arsenbestimmungen (Charakterisierungsmessungen) als Mittelwert aus jeweils 2 Proben, die jeweils im Sommer 1981, 1982 und 1983 analysiert wurden. Werte in µg/kg Feuchtgewicht mit Standardabweichung

Material	Mittelwert-±Standardabweichung	(%)	Anmerkungen
Humanblut	< 1,0		Methode noch in Erprobung
Humanleber	10± 3	(30)	
Parabraunerde	4570±20	(0,4)	
Gras	50± 4	(8)	
Pappelblätter	170± 4	(2,3)	
Regenwürmer	960±10	(1)	
Laufkäfer	228± 5	(2,2)	
Klärschlamm	520±20	(3,8)	
Kuhmilch	−		
Karpfen	25± 3	(12)	
Dreikantmuscheln	1290±10	(0,8)	
Braunalgen	540±20	(3,8)	

molalen Skala dürfte dies in Verbindung mit rechnergestützten Auswertemethoden (z. B. der Pattern-Analyse) neue Möglichkeiten der Normierung und selektiven Charakterisierung eröffnen. Diese Möglichkeiten sollen in Zukunft weiter ausgebaut werden (vgl. Abb. 5).

4.2 Organische Verbindungen

Im Bereich der organischen Verbindungen wurden aufgrund der interdisziplinären Struktur des deutschen Pilotprogramms mit eindeutig definierten Aufgabenstellungen der einzelnen Projektpartner in Jülich ausschließlich die Substanzklassen der polycyclischen aromatischen Kohlenwasserstoffe sowie der natürlichen und synthetischen Steroidhormone untersucht. Hinzu kamen infolge der vorhandenen methodischen Möglichkeiten biogene Verbindungen mit identischem Kohlenstoffgerüst (z. B. Cholesterin), die sehr schnellen biochemischen Transformationsreaktionen unterliegen können und daher als empfindliche Indikatorsubstanzen zur Überprüfung und Optimierung aller Lagerungsparameter dienen sollten. Zur Lösung der hiermit verbundenen analytischen Problemstellungen wurden neben zahlreichen, teilweise automatisierten instrumentellen Verfahren (Hochdruckflüssigkeitschromatographie, Gaschromatographie, Kapillargaschromatographie-Massenspektrometrie) vor allem auch die Möglichkeiten moderner elektronischer Datenverarbeitung genutzt, um die Vielzahl der Meßergebnisse in geeigneter Weise aufzuarbeiten, statistisch abzusichern und zu speichern (vgl. Abb. 6).

Abb. 5. Metall-Fingerprints als logarithmische molale Verteilung in Probenbankmaterialien. A, Parabraunerde; B, Klärschlamm; C, Braunalgen; P, Pappelblätter (M. Roßbach, Diss. Köln 1984)

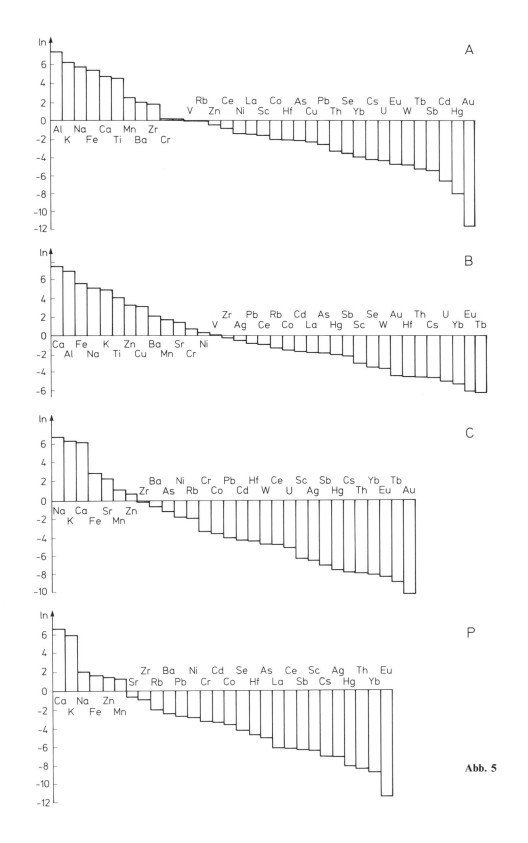

Abb. 5

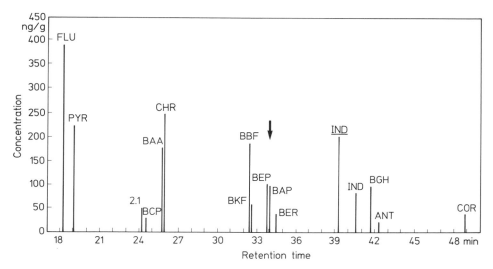

Abb. 6. Quantitatives Kapillarchromatogramm einer Klärschlammprobe nach PAH-spezifischer Aufarbeitung. FLU = Fluoranthen; PYR = Pyren; 2.1 = Benzo(b)naphtho-(2,1-d)thiophen; BCP = Benzo(c)phenanthren + Benzo(ghi)fluoranthen; BAA = Benz(a)anthracen; CHR = Chrysen + Triphenylen; BBF = Benzo(b)fluoranthen; BKF = Benzofluoranthene (j + k); BEP = Benzo(e)pyren; BAP = Benzo(a)pyren; PER = Perylen; *IND* = Indenofluoranthen (Istd); IND = Indeno(1,2,3-cd)pyren; BGH = Benzo(ghi)perylen; ANT = Anthanthren; COR = Coronen

Die seit Mitte 1981 mit Hilfe der Kapillargaschromatographie ermittelten Daten für 15 verschiedene und simultan bestimmte PAHs zeigen in den untersuchten Matrices Klärschlamm, Braunalgen und Pappelblätter eine befriedigende Stabilität und lassen keine signifikante und lagerungsbedingte Veränderung der Konzentrationen erkennen. Die zur Aufdeckung ökologischer Veränderungen notwendige Langzeitstabilität von ± 5% stellt allerdings höchste Anforderungen an die Homogenität des Probenmaterials sowie an die Leistungsfähigkeit der angewandten Methodik und konnte daher bisher nur bei Pappelblättern annähernd realisiert werden. Die Daten der übrigen Materialien zeigen gegenwärtig noch zeitunabhängige d. h. statistische und unsystematische Schwankungen bis zu 15%, die daher wahrscheinlich auf Inhomogenitäten der einzelnen „Subsamples" zurückzuführen sind. Zukünftige Arbeiten werden sich daher verstärkt mit dem Problem der Homogenität des Probenmaterials und einer weiteren Verfeinerung der Analytik (Probenvorbereitung, Kontamination) beschäftigen müssen, damit bereits Konzentrationsänderungen in der Größenordnung von ± 10% ganz eindeutig mit einer Änderung der ökologischen Belastung korreliert werden können.

Die natürlichen und synthetischen Steroidhormone zeigen eine ähnlich befriedigende Langzeitstabilität wie die PAHs, wenn sie in sorgfältig vorbereiteten Glasgefäßen bei Temperaturen < − 160 °C gelagert werden (s. Tab. 3).

Analoge Aussagen gelten für eine Vielzahl von matrixspezifischen, bisher jedoch nicht eindeutig identifizierten Begleitsubstanzen (z. B. Fettsäuren), die si-

Tabelle 3. Langzeitstabilität von Anabolen Steroiden in verschiedenen Matrixtypen (Untersuchungszeitraum 24 Monate)

Zeit	DES (ng/g)	Tur (mg/l)
t_0	202	0,188
t_1	194	0,171
t_2	190	0,179
t_3	204	0,181
t_4	193	0,186

DES, Diethylstilböstrol in dotierten Fleischproben. Tur, 6-Hydroxy-Turinabol in Humanharn

multan in Form eines chromatographischen „Fingerprints" präzise und reproduzierbar bestimmt werden können. Vergleichende Lagerungsexperimente auf der Basis der Gefriertrocknung führten jedoch zu bemerkenswerten Veränderungen der Probenmaterialien und der untersuchten Substanzen, so daß diese Technik, obwohl insgesamt kostengünstiger und damit wirtschaftlicher, zum gegenwärtigen Zeitpunkt für die stabile Langzeitlagerung der meisten organischen Verbindungen nicht geeignet ist.

Eine Sonderstellung unter allen bisher untersuchten Substanzen des gesamten Pilotprojektes nimmt das Cholesterin ein, welches selbst bei kurzen Lagerungszeiten (Tage) unter verschiedenen Temperaturbedingungen ($-80\,°C$; $-150\,°C$) signifikanten Veränderungen unterworfen ist, wobei in Blutserum und Humanharn Konzentrationsabnahmen bis zu 70% gemessen wurden. Von entscheidender Bedeutung für diese Biotransformationen sind die Auftaurate und der Beginn der Matrixabtrennung nach Erreichen des flüssigen Aggregatzustandes. Nach neuesten Untersuchungen läßt sich die Kinetik des Abbaus durch Standardisierung der beiden kritischen Parameter in ausreichendem Maße kontrollieren, so daß auch bei längeren Lagerungszeiten konstante Cholesterinwerte mit vernachlässigbarer Abweichung vom Istwert zum Zeitpunkt der Einlagerung erhalten werden. Zukünftige Arbeiten von prioritärer und grundlegender Bedeutung werden das Problem zu klären haben, ob dieser Abbau enzymatisch gesteuert wird oder auf bakteriellen Aktivitäten beruht, die allerdings aus verschiedenen Quellen (Matrix, Gefäßmaterialien, Atmosphäre) resultieren können.

5 Qualitätskontrollprogramme, Entwicklung von Kontrollmaterialien

Für die Beurteilung der Belastungen von Ökosystemen und die daraus resultierenden regulatorischen Konsequenzen spielen exakte Kenntnisse über Präzision und Richtigkeit der zugrunde liegenden Informationen eine ganz entscheidende Rolle. Daher wurde der Erstellung zuverlässiger analytischer Daten und ihrer Qualitätskontrolle besondere Aufmerksamkeit gewidmet.

Tabelle 4. Aus überschüssigem Material der Pilotphase bzw. ähnlichem Material hergestellte Kontrollmaterialien mit Angabe der angewandten Methoden und bestimmten Elemente. Elemente, die bisher mit nur einer Methode bestimmt wurden, sind eingeklammert

Material	Bestimmte Elemente	Methoden	Anmerkungen
Vollblut	Cd, Pb, (Hg)	AAS, DPASV MS-IDA	Verschiedene Blut- proben, flüssig
Kontrollblut (Behringwerke Marburg)	Cd, Pb, (Hg), Ni, (Co)	AAS, DPASV ADPV, MS-IDA	Gefriergetrocknetes Rinderblut
Schweineleber I	Cd, Pb, (As, Se, Zn, Cu, Ni, Co)	AAS, DPASV	Ohne Zusatz
Schweineleber II	Cd, Pb, (Zn, Cu, Ni, Co, Hg)		Mit Zusatz von Cd und Pb
Parabraunerde	As, Zn, Cd, Pb, Cu, Ni, Co, (Se, Cr, Hg, Tl, Na, Al, K, Sc, Ti, V, Mn, Fe, Rb, Sr, Zr, Sb, Cs, Ba, La, Ce, Eu, Tb, Yb, Hf, W, Au, Th, U)	AAS, DPASV ADPV, MS-IDA, INAA	
Klärschlamm	As, Se, Cd, Pb, Cr, Hg (Zn, Co, Ni, Na, Al, K, Ca, Sc, Ti, V, Mn, Fe, Rb, Sr, Zr, Ag, Sb, Cs, Ba, Ca, La, Ce, Eu, Tb, Yb, Hf, W, Au, Th, U)	AAS, DPASV INAA	Gleiche Herkunft wie Probenbankmat., aber andere Ent- nahmezeit
Gras	Cd, Pb, Cu, (As, Se, Zn, Ni, Co, Cr, Hg)	AAS, DPASV	
Pappelblätter I	Cd, Pb, Cu, (As, Zn, Ni, Co, Cr, Hg, Tl)	AAS, DPASV	
Pappelblätter II	As, Zn, Cd, Pb, Ni, Co, Hg (Co, Cr, Tl, Na, K, Ca, Sc, Mn, Fe, Br, Rb, Sr, Zr, Ag, Sb, Cs, Ba, La, Ce, Eu, Yb, Hf)	AAS, DPASV, MS-IDA, INAA	Herkunft verschie- den von I
Muscheln I	Cd, Pb, (As, Se, Zn, Cu, Cr, Hg)	AAS, DPASV	Marine Muscheln (*Mytilus edulis*)
Muscheln II	Cd, Pb, (As, Se, Zn, Cu, Cr, Tl)	AAS, DPASV, MS-IDA	Dreikantmuscheln
Braunalgen I	Cd, Pb (As, Se, Zn, Cu, Ni, Co, Tl, Hg)	AAS, DPASV, MS-IDA	
Braunalgen II	As, Zn, Cd, Pb, Cu, Ni, Co, Cr, (Se, Tl, Na, K, Ca, Sc, Mn, Fe, Br, Rb, Sr, Zr, Ag, Sb, Cs, Ba, Ce, Eu, Tb, Hf, W)	AAS, DPASV, MS-IDA, INAA	
Fichtennadeln	Cd, Pb, Cu, (As, Se, Zn, Tl, Ni, Co)	AAS, DPASV, MS-IDA	Nur Testmaterial
Karpfen	(As, Hg)	AAS	

Auf der Basis erprobter Methoden wurden daher zunächst in den Humanmaterialien Leber und Vollblut Vergleichsbestimmungen für Cadmium und Blei mit dem National Bureau of Standards, Washington, und dem Institut für Pharmakologie und Toxikologie der Westfälischen Wilhelms-Universität, Münster, durchgeführt, wobei die erzielten Ergebnisse überwiegend im Rahmen der analytischen Fehlergrenze, d. h. des 95%-Vertrauensbereiches, übereinstimmten.

Eine weitere und in zunehmendem Umfang praktizierte Maßnahme zur Sicherung zuverlässiger analytischer Daten (Qualitätskontrolle) ist die vergleichende Konzentrationsbestimmung zwischen Materialien sehr ähnlicher Matrixzusammensetzung und geringfügig differierenden Konzentrationen der zu bestimmenden Substanzen, deren Anteile im Vergleichsmaterial jedoch sehr genau bekannt sein müssen.

Zur laufenden methodischen Optimierung der Spurenmetallbestimmungen, zur Langzeit-Reproduzierbarkeitskontrolle sowie mit dem letztendlichen Ziel einer extrem präzisen Charakterisierung und gleichzeitigen Kostenoptimierung durch direkte Eichmessungen mit vorher sorgfältig analysiertem, überschüssigem Probenmaterial wurde bereits in der Anfangsphase des Pilotprojektes mit der Herstellung von „Kontrollmaterialien" begonnen. Dazu wurden entweder überschüssige Probenbankmaterialien oder nahezu identische Proben gefriergetrocknet, in Achat- bzw. Zirkondioxidkugelmühlen sehr fein gemahlen und bei tiefen Temperaturen gelagert. Die Korngrößenanalyse ergab für die Mehrzahl der untersuchten Materialien Korngrößenverteilungen unterhalb 200 µm, häufig mit Maxima noch unter 100 µm (Stoeppler 1984). Homogenitätsuntersuchungen mit einer hierfür besonders geeigneten Festproben-AAS-Methode (direkte Zeeman-AAS) ergaben Elementverteilungen, die denen in NBS-Standard-Referenzmaterialien zumindest gleichwertig sind. Die erforderliche Charakterisierung dieser Materialien mit Hilfe verschiedener Methoden ist derzeit noch in Bearbeitung (vgl. Tabelle 4). Erste Versuche zur Direktanalyse gegen Kontrollproben führten vor allem bei Blut (Stoeppler et al. 1984), aber auch bei Pappelblättern und Parabraunerde bereits zu einer deutlich besseren Präzision bei vermindertem Zeitaufwand, so daß diese methodische Entwicklung für Metalle grundsätzlich als sehr aussichtsreich anzusehen ist und bei entsprechender Modifikation auch für organische Verbindungen ähnliche Möglichkeiten bieten könnte.

6 Untersuchungen in Probenahmegebieten

Die Zielvorstellungen der zukünftigen Umweltprobenbank beinhalten unter anderem die Probenahme aus ökologisch belasteten und relativ unbelasteten Regionen. Für den Bereich der marinen Umwelt zählen Algen als Bioakkumulatoren zu den repräsentativen Indikatoren für den Gehalt an biologisch verfügbaren Metallen in Meerwasser. Die algenspezifischen Arbeiten des Instituts wurden daher an vier definierten Stellen im Küstenbereich der Nord- und Ostsee begonnen und dienen der Ermittlung wissenschaftlich fundierter Kriterien für die Differenzierung zwischen metallbelasteten und wenig belasteten Entnahmestellen. Hierzu gehören Informationen über die Reproduzierbarkeit jährlicher Konzentrations-Maxima und -Minima und des gemittelten Gesamtwertes eines Jahres bei Probe-

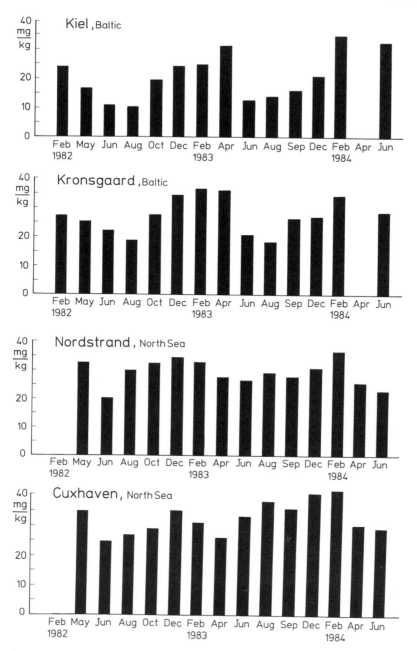

Abb. 7. Saisonale Schwankungen des Arsengehalts (Totalarsen) in Algen an vier Probenentnah-
mestellen, Zeitraum Februar 1982–Juni 1984. Im April 1984 konnten wegen schwerer Stürme
keine Proben in der Ostsee entnommen werden

nahme in etwa zweimonatigen Abständen durch vergleichende Schwermetallbestimmungen im Wasser und im biologischen Material sowie über die biologische Variabilität im Nahbereich der Probenahmestellen.

Aufgrund der noch nicht völlig abgeschlossenen Untersuchungen für Blei, Cadmium und Quecksilber können derzeit nur die Arsenwerte Hinweise auf einen Jahresgang in Algen liefern, der – zumindest für dieses Element – ein deutliches Maximum im Winterhalbjahr für die wenig belasteten Entnahmestellen (Nordstrand, Kronsgaard) zeigt. Die Konzentrationen im Wasser lassen einen solchen Trend nicht erkennen, so daß man annehmen darf, daß es sich u.a. um wachstumsbedingte Einflüsse handelt (vgl. hierzu Abb. 7). Für die Belange der Probenbank scheint demnach die Einlagerung einer artifiziellen, mittleren Jahresprobe erforderlich zu sein, die durch Homogenisation verschiedener Proben mit etwa 2monatigen Entnahmeabständen hergestellt werden müßte. Ein analoges Vorgehen dürfte z. B. auch für Klärschlamm notwendig sein, um kurzfristige Schwankungen zu eliminieren.

Die mit gleicher Zielsetzung begonnenen Arbeiten im terrestrischen und limnischen Bereich zeigen beispielsweise für Fichtennadeln deutliche standortabhängige Belastungsunterschiede für Schwermetalle und damit eine gute Zuordnungsmöglichkeit. Gleichzeitig konnten erste Untersuchungen zur Korrelation zwischen punktförmigen und flächendeckenden Belastungsindikatoren abgeschlossen werden, wobei zunächst die Schwermetallbelastung von Greifvögeln (Messungen von Blei, Cadmium, Gesamt- und Methylquecksilber in definierten Federn von Habichten) im Umfeld der Niederschlagssammler des Deutschen Regenwasserprogrammes ermittelt wurde. Die Auswertung der ersten Versuchsserie ergab im wesentlichen gute Übereinstimmung mit den Daten der Niederschläge, andererseits wurden in den Vogelfedern unerwartet hohe Methylquecksilbergehalte mit Maximalwerten von über 70% des Totalquecksilbers gefunden. Zukünftige Untersuchungen werden in verstärktem Maße die Nahrungskette der untersuchten Vogelarten berücksichtigen und auch weitere Elemente und Verbindungen in die Untersuchungen einbeziehen.

7 Ausblick

Aufgrund der bisher vorliegenden Ergebnisse kann die Pilotphase, die zunächst vor allem die technische, analytische und kostenmäßige Realisierbarkeit einer Umweltprobenbank demonstrieren sollte, aus der Sicht des Instituts für Angewandte Physikalische Chemie der KFA Jülich und der dort durchgeführten Arbeiten als Erfolg angesehen werden, wenn naturgemäß auch nicht alle Fragen mit letzter wissenschaftlicher Perfektion geklärt wurden. Für den permanenten Betrieb einer Umweltprobenbank werden daher stets begleitende Forschungs- und Entwicklungsarbeiten mit wechselnden Zielrichtungen erforderlich sein. Gegenwärtig wird das vollständige probenbankspezifische Konzept zur Probenvorbereitung von der Entnahme über die Vorzerkleinerung, Homogenisierung und Aliquotierung bis zur Einlagerung ohne Unterbrechung der Tiefkühlkette erprobt und bis zur technischen Dimension entwickelt. Methodisch wird angestrebt, die Charakterisierungsmessungen der zukünftig einzulagernden Probenarten durch weitere analytische Optimierungen sowie durch direkte Bestimmungen in unbehandelten Probenmaterialien noch rascher und dennoch präziser durchzuführen sowie zunehmend auf weitere Elemente und Verbindungen auszudehnen, womit die wünschenswerte Erfassung des Spurenelementmusters und des Konzentrationsprofils organischer Verbindungen zunehmend realisierbar sein wird.

Literatur

1979

Dürbeck HW (1979) Naturally occurring steroids and synthetic hormones as sensitive monitoring compounds for the suitability of pretreatment procedures in specimen banking and for the long-term stability of stored biological samples. In: Luepke NP (ed) Monitoring environmental materials and specimen banking. Martinus Nijhoff Publishers, The Hague Boston London, pp 184–197

Stoeppler M, Nürnberg HW (1979) Critical review of analytical methods for the determination of trace elements in biological materials. In: Berlin A, Wolff AH, Hasegawa Y (eds) The use of biological specimens for the assessment of human exposure to environmental pollutants Martinus Nijhoff Publishers, The Hague Boston London, pp 325–332

Stoeppler M, Backhaus F (1979) Beiträge zur Umweltforschung und Umweltüberwachung. 1. Entwicklung, Bau und Betrieb eines mobilen Spurenmeßlabors. JÜL 1571

Stoeppler M (1979) Choice of species, sampling and sample pretreatment for subsequent analysis and banking of marine organisms useful for Hg, Pb, and Cd monitoring. In: Lüpke NP (ed) Monitoring environmental materials and specimen banking. Martinus Nijhoff Publishers., The Hague Boston London, pp 555–572

1980

Nürnberg HW (1980) A critical assessment of the voltammetric approach for the study of toxic metals in biological specimens and their ecosystems. In: Smyth WF (ed) Electroanalysis in hygiene, environmental, clinical and pharmaceutical chemistry; analytical chemistry symposia ser. Vol 2. Elsevier, Amsterdam, pp 351–372

Stoeppler M (1980) Beiträge zur Umweltforschung und Umweltüberwachung III. Optimierung und Einsatz automatisierter Methoden bei Bilanzierungsstudien mit toxischen Elementen. JÜL 1675

Stoeppler M (1980) Die Bestimmung von Arsenspuren in biologischem Material 3. Spurenelement-Symposium, Nickel, Karl-Marx-Univ Leipzig, Friedr-Schiller-Univ Jena. Jena 3/1980 S. 369–374

Stoeppler M, Dürbeck HW, Nürnberg HW (1980) Pilot-Umweltprobenbank. In: Jahresber 1979/80 der KFA Jülich, S 55–62

1981

Dürbeck HW (1981) Die Belastung der Nahrungskette Schlachtvieh–Mensch durch anabol wirkende Substanzen. In: Umweltprobenbank, Bd I/2, Ergebnisse der Vorstudien und Projektierung der Pilotphase. Umweltbundesamt, Berlin, S 59–84

Stoeppler M (1981) Verfahren zur Präzisionsbestimmung von Cadmium in biologischen Matrices. In: Umweltprobenbank, Bd I/2, Ergebnisse der Vorstudien und Projektierung der Pilotphase. Umweltbundesamt, Berlin, S 121–162

Stoeppler M, Dürbeck HW (1981) Verfahren zur Bestimmung organischer und anorganischer Quecksilberverbindungen in biologischen Matrices. In: Umweltprobenbank, Bd I/2, Ergebnisse der Vorstudien und Projektierung der Pilotphase. Umweltbundesamt, Berlin S 85–119

1982

Dürbeck HW, Frischkorn CGB, Büker I, Frischkorn HE, Leymann W, Scheulen B, Schlimper H, Telin B (1982) Anabolic agents in edible animal products and body fluids. Fresenius Z Anal Chem 311:404

Frischkorn CGB, Schlimper H (1982) A cheap and simple method for the preparation of HPLC-pure water by photo-oxidation. Fresenius Z Anal Chem 312:541–542

Stoeppler M (1982) Analysis of cadmium in biological materials. In: Edit proceedings 3rd int cadmium conf Miami, 1981. Metal Bulletin Ltd, New York pp 95–102

Stoeppler M, Angerer J, Fleischer M, Schaller KH (1982) Cadmium, Bestimmungen in Blut. In: Analytische Methoden, Bd 2, Senatskommission zur Prüfung gesundheitsschädlicher Arbeitsstoffe der Deutschen Forschungsgemeinschaft – Arbeitsgruppe Analytische Chemie, 6. Lieferung

Stoeppler M, Dürbeck HW, Nürnberg HW (1982) Environmental specimen banking: A challenge in trace analysis. Talanta 29:963–972

1983

Apel M, Stoeppler M (1983) Speciation of arsenic in urine of occupationally nonexposed persons. In: Proc Int Conf heavy metals in the environment, Sept 1983, Heidelberg, Vol 1. CEP Consultants, Edinburgh, pp 517–520

Ostapczuk P, Valenta P, Stoeppler M, Nürnberg HW (1983) Voltammetric determination of nickel and cobalt in body fluids and other biological materials. In: Brown SS, Savory J (eds) Chemical toxicology and clinical chemistry of metals. Academic Press, London New York Paris San Diego San Francisco, pp 61–64

Stoeppler M (1983) Analytical aspects of sample collection, sample storage and sample treatment. In: Brätter P, Schramel P (eds) Trace element-analytical chemistry in medicine and biology, Vol 2. Walter de Gruyter, Berlin New York, pp 909–928

Stoeppler M (1983) Bestimmung toxischer Spurenmetalle und von Arsen in biologischen und Umweltmaterialien mit der Atomabsorptionsspektroskopie. In: Analytiktreffen 1982, Atomspektroskopie, Fortschritte und analytische Anwendungen. Karl-Marx-Universität, Leipzig, S 174–187

Stoeppler M (1983) Strategies for the reliable analysis of heavy metals in man and his environment. Proc Int Conf heavy metals in the environment, Sept 1983, Heidelberg, Vol 1. CEP Consultants, Edinburgh, pp 70–77

Stoeppler M (1983) Processing biological samples for metal analyses. In: Brown SS, Savory J (eds) Chemical toxicology and clinical chemistry of metals. Academic Press, London New York Paris San Diego San Francisco, pp 31–44

Stoeppler M (1983) Atomic absorption spectrometry – a valuable tool for trace and ultratrace determinations of metals and metalloids in biological materials. Spectrochim Acta 38B:1559–1568

1984

Dürbeck HW (1984) Analytical aspects of monitoring diethylstilbestrol and related anabolic compounds in stored samples of different origin. In: Lewis RA, Stein N, Lewis CW (eds) Environmental specimen banking and monitoring as related to banking. Martinus Nijhoff Publishers, Boston The Hague Dordrecht Lancaster pp 271–286

May K, Stoeppler M (1984) Pretreatment studies with biological and environmental materials IV. Complete wet digestion in partly and completely closed quartz vessels for subsequent trace and ultratrace mercury determinations. Fresenius Z Anal Chem 317:248–251

Nürnberg HW (1984) Realization of specimen banking. Summary and conclusions. In: Lewis RA, Stein N, Lewis CW (eds) Environmental specimen banking and monitoring as related to banking. Martinus Nijhoff Publishers, The Hague Boston London, pp 23–26

Ostapczuk P, Gödde M, Stoeppler M, Nürnberg HW (1984) Kontroll- und Routinebestimmung von Zn, Cd, Pb, Cu, Ni und Co mit differentieller Pulsvoltammetrie in Materialien der Deutschen Umweltprobenbank. Fresenius Z Anal Chem 317:252–256

Stoeppler M (1984) Bedeutung von Umweltprobenbanken – anorganisch-analytische Aufgabenstellungen und erste Ergebnisse des Deutschen Umweltprobenbankprogramms. Fresenius Z Anal Chem 317:228–235

Stoeppler M, Backhaus F, Schladot JD, Nürnberg HW (1984) Concept and operational experiences of the pilot environmental specimen bank project in the Federal Republic of Germany. In: Lewis RA, Stein N, Lewis CW (eds) Environmental specimen banking and monitoring as related to banking. Martinus Nijhoff Publishers, The Hague Boston London, pp 95–107

Stoeppler M, Mohl C, Ostapczuk P, Gödde M, Roth M, Waidmann E (1984) Rapid and reliable
    determination of elevated blood lead levels. Fresenius Z Anal Chem 317:486–590
Waidmann E, Hilpert K, Schladot JD, Stoeppler M (1984) Determination of cadmium, lead and
    thallium in materials of the environmental specimen bank using mass spectrometric isotope
    dilution analysis (MS-IDA). Fresenius Z Anal Chem 317:273–277

Erfassung zeitlicher Konzentrationsänderungen toxischer Elemente in biologischen Proben mit Hilfe kerntechnischer Methoden

W. Bischof, B. Raith, M. Höfert und B. Gonsior [1]

Inhalt

Einleitung

Im Rahmen der Pilotphase des Umweltprobenbankprojektes sollte im vorliegenden Forschungsvorhaben untersucht werden, ob bei der gewählten Lagerungsart Wanderung von anorganischen Stoffen innerhalb der Probe sowie aus dem Probenbehälter in die Probe oder umgekehrt stattfindet. Hier wird auf Untersuchungen und Ergebnisse des 5jährigen Forschungszeitraumes eingegangen, in dem wir uns unter Anwendung kerntechnischer Methoden mit dem Projekt befaßt haben.

Von den für das Gesamtprojekt ausgewählten Probenarten standen für die vorliegenden Untersuchungen die drei Probenarten

Humanleber,
Humanblut (Vollblut) und
Humanfettgewebe

zur Verfügung.

Zur Messung der Elementkonzentration wurde die Methode der protonen-induzierten Röntgenemission (PIXE) benutzt. Diese Methode zeichnet sich dadurch aus, daß bei geringem Probenbedarf alle Elemente, deren Konzentrationen oberhalb von größenordnungsmäßig 1 ppm liegen und für die die Kernladungs-

---

[1] Projektleiter

zahl Z > 13 ist, simultan gemessen werden können. Wichtig erschien bei diesem Vorhaben zunächst die Weiterentwicklung der analytischen Methode, insbesondere im Hinblick auf einen möglichst geringen Probenbedarf, aber auch hinsichtlich der Nachweisgrenzen sowie der Ortsauflösung der von uns entwickelten Protonenmikrosonde. Die Struktur biologischer Proben erlaubt die Untersuchung detaillierter Fragestellungen bezüglich eventueller Elementwanderung bei der Probenlagerung.

Zwei verschiedene Arbeitslinien wurden verfolgt. Bei der Probenart „Humanleber" wurden zum einen Globalanalysen vorgenommen, wobei mittlere Elementkonzentrationen in der Probe mit Hilfe eines Protonenstrahls von etwa 1–2 mm Durchmesser anhand der erzeugten Röntgenfluoreszenzstrahlung bestimmt wurden. Außerdem wurden – im Sinne einer Spezialanalytik – mit einem fokussierten Protonenstrahl von etwa 2 μm Durchmesser räumliche Elementverteilungen im Mikrobereich sowie evtl. Änderungen dieser Verteilungen untersucht. Diese Untersuchungen mußten daher im Unterschied zu den übrigen Verfahren im Gesamtprojekt an *nicht*homogenisiertem Material durchgeführt werden.

Für die Probenart „Humanblut" wurden Anreicherungsverfahren zur Verbesserung von Nachweisgrenzen erprobt.

Die Arbeiten an der dritten Probenart „Humanfettgewebe" wurden nach wenigen Versuchen eingestellt. Es stellte sich heraus, daß sich diese Proben mit den uns zur Verfügung stehenden Mitteln nicht präparieren ließen.

Der folgende Hauptteil gliedert sich in zwei Gruppen, in denen die Weiterentwicklung der experimentellen Möglichkeiten und die Untersuchung der Proben beschrieben werden. Weiterhin wird ein nach Absprache im Gesamtrahmen durchgeführtes Zusatzexperiment zur Prüfung der Homogenität von homogenisierten Proben beschrieben, dessen Resultat für die anderen Forschungspartner bedeutsam ist. Eine Bewertung der Ergebnisse schließt sich an.

1 Weiterentwicklung der experimentellen Möglichkeiten

1.1 Weiterentwicklung der Protonenmikrosonde

Die Absicht, Elementverteilungen in räumlichen Mikrobereichen zu bestimmen, wurde im beschriebenen Vorhaben mit der in Bochum entwickelten Protonenmikrosonde verwirklicht [1]. Mit dem auf einige Mikrometer fokussierten Strahl kann die zu untersuchende Probe abgetastet werden.

Die Weiterentwicklung der Protonenmikrosonde in den Jahren 1979–1983 hatte die Optimierung hinsichtlich der Ortsauflösung und der zur Analyse der Proben benötigten Meßzeit zum Ziel. Für die Messung der Elementverteilung in den biologischen Proben ist ein Protonenstrahl erforderlich, dessen Durchmesser kleiner ist als die histologisch interessierenden Gewebestrukturen. Nur so läßt sich ausschließen, daß bei den Messungen über Strukturen mit unterschiedlichen Elementkonzentrationen gemittelt wird.

Die Ermittlung lateraler Elementverteilungen geschieht durch eine rasterförmige Abtastung der Probe. Die dazu notwendige Strahlpositionierung erfolgt durch eine nahezu verzerrungsfrei arbeitende magnetische Ablenkspule. Der

Strahl kann dabei mit einer hohen Schrittfrequenz (bis 10 kHz) wiederholt auf die einzelnen Rasterpunkte gelenkt werden, wodurch ein zu starkes Aufheizen der Probe vermieden wird.

Die Steuerung der Ablenkeinheit und das Abspeichern der gewonnenen Daten erfolgt über ein PDP 11/CAMAC-Datenerfassungssystem. Dieser Rechner ermöglicht zusammen mit der für die Mikrosonden-Analyse erstellten Software eine weitgehende Automatisierung des Meßablaufs und der Datenauswertung, welche als Grundvoraussetzung für die routinemäßige Probenuntersuchung anzusehen ist [2].

1.2 Weiterentwicklung der experimentellen Voraussetzungen zur Untersuchung von Humanblut

Die Problemstellung der Analyse von Blut wurde mit dem Protonenstrahl üblichen Durchmessers (ca. 2 mm) angegangen. Für die gängige Analyse unter Vakuumbedingungen sind nur dünne Proben ($<10\ \mu m$) geeignet, da ansonsten infolge der schlechten Wärmeleitung die Probe zu schnell zerstört würde. Zur Analyse der Blutproben wurde daher ausschließlich die Technik des externen Protonenstrahls [3, 4] verwendet, bei der der Protonenstrahl das Vakuumsystem des Beschleunigers durch eine dünne Folie verläßt und nach ca. 10 mm Luftweg auf die Probe trifft. Hierbei wird die Aufheizung der Probe durch direkte Luftkühlung vermieden.

Der erste Schritt zur Blutanalyse bestand darin, Blut gefrierzutrocknen, zu einer Scheibe zu pressen und direkt als Target zu verwenden. Das Ergebnis war negativ: Infolge der hohen Konzentrationen von Cl, K und Fe konnten beim simultanen Nachweis zusätzlich nur die Elemente Cu, Zn, Br und Rb nachgewiesen werden, nicht aber die interessierenden toxischen Metalle. Der Grund besteht darin, daß wegen der hohen Detektorzählraten beim Nachweis der Röntgenemission elektronisch Totzeiten entstehen, so daß die Nachweisgrenzen für Spurenelemente verschlechtert werden. Wesentliche Verbesserungen der Nachweisgrenzen für Spurenelemente lassen sich durch chemische Vorkonzentration erzielen. Daher griffen wir für die Analyse von Blut auf ein Verfahren zurück, das von uns in Kooperation mit dem Lehrstuhl für Analytische Chemie der Ruhr-Universität Bochum, Arbeitsgruppe Prof. Jackwerth, zur Bestimmung von Schwermetallen in wäßrigen Lösungen entwickelt und optimiert worden ist [4, 5]: Der Probenflüssigkeit werden 2 mg Molybdän als Ammoniumheptamolybdat zugegeben. Anschließend erfolgt unter Rühren die Zugabe des Komplexbildners NaDDTC in wäßriger Lösung. Es bilden sich unlösliche Spurenmetall-DDTC-Komplexe, die durch das überschüssige MoDDTC als Spurenfänger ausgefällt werden. Die Metalle Fe, Co, Ni, Cu, Zn, Pd, Ag, Cd, In, Hg, Tl, Pb und Bi werden mit dieser Methode quantitativ erfaßt, dagegen werden die uns nicht interessierenden Alkali- und Erdalkalimetalle und alle Anionen nicht angereichert. Die gewonnene Suspension wird filtriert, der Filter wird auf einem Träger aus Plexiglas direkt als Target verwendet. Die Standardabweichungen der Meßergebnisse liegen bei 1 000 s Meßzeit zwischen 4 und 10% für alle Elemente außer Hg [4], und die Nachweisgrenzen liegen in der Größenordnung von 1 ppb, bezogen auf die eingesetzte Wassermenge von 200 ml [5].

Damit Blut für dieses Vorkonzentrationsverfahren geeignet ist, muß es vorher mineralisiert werden. Dazu wird zunächst 1 ml Blut gefriergetrocknet. Die zurückbleibende Substanz wird mit konzentrierter Salpetersäure bei hohem Druck „gekocht". Dadurch werden alle organischen Verbindungen zerstört, und es bleibt eine wäßrige Lösung, die als Ausgangspunkt für die Anreicherung verwendet wird. Es entfällt jedoch die Zugabe von Mo, da das vorhandene Eisen infolge seiner hohen Konzentration die Rolle des Spurenfängers übernehmen kann. Zur Bestimmung der Gehalte muß das Standardadditionsverfahren verwendet werden: Man versetzt kleine Mengen der Probenlösung mit definierten Mengen einer Eichlösung der Spurenmetalle und ermittelt durch Extrapolation auf verschwindende Zählrate die Gehalte der Probenlösung. Mit diesem Verfahren können in Blut die Elemente Cu, Zn, Pb und Mo quantitativ erfaßt werden. Messungen zur Bestimmung der Präzision und der Richtigkeit des Verfahrens wurden an einer Standard-Blutprobe der KFA Jülich, die 400 ng/ml Pb enthielt, durchgeführt. Das Ergebnis der PIXE-Analyse lag bei (390 ± 80) ng/ml. Vergleichsmessungen mit Atomabsorptionsspektrometrie ergaben (380 ± 40) ng/ml. Während also die Richtigkeit des Verbundverfahrens gut ist, läßt die Präzision zu wünschen übrig. Der Grund hierfür liegt in der relativ geringen Zählrate der charakteristischen Röntgenlinien der Spurenelemente aufgrund der Begrenzung der Einwaagemengen auf 1 g. Die Nachweisgrenze für Pb liegt für 2000 s Meßzeit bei etwa 50 ppb. Somit eignet sich dieses Verfahren zur Bestimmung von Blei und toxischen Elementen in Blut. Für Blei werden i. a. Konzentrationen von 100 ppb nicht unterschritten. Die Nachweisgrenzen für Hg und Cd liegen etwa in derselben Größenordnung wie die für Blei. Da diese Elemente in nichttoxischen Fällen deutlich unter 10 ppb liegen, ist mit dieser Methode ein Nachweis von Cd und Hg nicht möglich. Somit bleibt als einzige Möglichkeit zum Nachweis von Hg und Cd nur die Erhöhung der Einwaage. Dazu ist jedoch ein völlig anderes Aufschlußverfahren erforderlich. Entsprechende Untersuchungen zur Ermittlung und Optimierung geeigneter Verfahren wurden begonnen, konnten aber noch nicht abgeschlossen werden.

2 Die Untersuchung von Humanleberproben

Aus der Zentrallagerung in Jülich wurden uns Humanleberproben geliefert, die nicht homogenisiert waren. Diese wurden in einem Gefriermikrotom in Scheiben von 10 μm Dicke geschnitten und anschließend auf eine 5 μm dicke Nuclepore-Trägerfolie aufgebracht. Die jeweilige Gesamtprobenmenge von 5 g war zum Hantieren bei der Herstellung der Gefrierschnitte völlig ausreichend. Die so hergestellten Präparate wurden auf einem Probenhalter befestigt und in die Vakuum-Meßkammer der Protonenmikrosonde eingebaut. Um den mittleren Elementgehalt in einem größeren Bereich zu bestimmen, wurde der Protonenstrahl auf ca. 1,6 mm ⌀ aufgeweitet. Bei der verwendeten Meßmethode, der energiedispersiven Röntgenfluoreszenz, sind die einzelnen Elemente durch die Energie ihrer Röntgenlinien (K-Linien bzw. L-Linien) qualifiziert. Der Flächeninhalt der Linien ist proportional zur Quantität der entsprechenden Elemente. Die Kalibrierung des

Verfahrens geschieht durch elastische Protonenstreuung an den nachzuweisenden Elementen. Vorteile dieser Methodik sind, daß die Proben weitgehend unzerstört bleiben, verschieden große Bereiche bis zu einem minimalen Durchmesser von etwa 2 µm analysiert werden können und alle Elemente mit einer höheren Ordnungszahl als 13 simultan zu bestimmen sind.

Die Leberproben wurden mit Hilfe der Protonenmikrosonde analysiert, wobei sowohl mit dem fokussierten Strahl die Verteilung der Elementkonzentration in Mikrometerbereichen, als auch mit dem defokussierten Strahl die mittlere Konzentration in einer Fläche von 2 mm² (Globalmessung) mit einer minimalen Nachweisgrenze von 1 ppm bestimmt wurden.

Bei den Analysen wurden simultan die Makroelemente (P, S, Cl, K, Fe) sowie die Spurenelemente Cu, Zn und in einem Fall Pb nachgewiesen. Die Elemente Cd und Hg liegen unterhalb der Nachweisgrenzen.

Die Wiederholbarkeit von Messungen wurde durch unmittelbar anschließende zusätzliche Messungen identischer Probenorte bestimmt. Es ergaben sich für P, Cl, K und Fe 95%-Streubereiche von weniger als 5%, für S und Cu von 12% und für Zn von 15% des Meßwertes.

Die Leberproben wurden nach drei verschiedenen Gesichtspunkten untersucht:

a) Suche nach charakteristischen Elementverteilungen in Bereichen von ca. 1 mm Ausdehnung.
b) Bestimmung der mittleren Elementkonzentrationen in größeren Bereichen, um eventuelle zeitliche Konzentrationsänderungen zu ermitteln.
c) Messung der Elementverteilung an einem Probenrand, der mit dem Kunststoffbehälter Kontakt hatte, um einen eventuellen Austausch von Elementen zwischen Gefäß und Probe nachzuweisen.

Zu a) Die Elementverteilung in Mikrostrukturen wurde an vier verschiedenen Proben untersucht. An den Ergebnissen fällt auf, daß die Absolutkonzentrationen bis zu einem Faktor drei schwanken. Diese Schwankungen sind jedoch durch die Gewebestruktur bedingt. Die Konzentrationsverhältnisse der Elemente schwanken dagegen nur geringfügig. Dieses Ergebnis steht im Gegensatz zu Meßergebnissen an anderen Gewebeproben, wo die Konzentrationsverhältnisse im Bereich von Größenordnungen schwanken [6]. Man kann also annehmen, daß in den vorliegenden Proben die Elemente auffallend homogen verteilt sind und keine charakteristische Elementverteilung beobachtbar ist.

Die relative Gleichverteilung der Elemente im Bereich bis zu einigen Millimetern Größe ist ausnahmslos bei allen analysierten Leberproben festgestellt worden. Es ist jedoch möglich, daß charakteristische Verteilungsstrukturen im lebenden Organismus vorhanden sind, in der Zeit zwischen der Entnahme und dem Einfrieren der Proben sich jedoch ausgeglichen haben. Dieser Befund macht eine Beurteilung der Lagerbedingungen dieser Proben durch die Messung von Elementverteilungen allein unmöglich. Es wurde deshalb versucht, durch die Messung der mittleren Elementkonzentrationen in Millimeterbereichen Aussagen über die Qualität der Probenlagerung zu erhalten. Dieses Ziel machte zunächst eine genaue Prüfung der Homogenität der Proben erforderlich. Dazu wurden in vier Proben jeweils vier aneinandergrenzende Probenorte von etwa 1 mm² Fläche analysiert. Die einzelnen Meßergebnisse wurden zu den Mittelwerten für die jeweiligen Proben ins Verhältnis gesetzt. Es ergaben sich 95%-Streubereiche zwischen 25% und 30% des Mittelwertes.

Diese Inhomogenität im Bereich einiger Millimeter bewirkt, daß die Wiederholbarkeit der Meßergebnisse an verschiedenen Proben nicht besser als 25–30% sein kann. Dadurch wird eine Aussage über zeitliche Änderungen der Elementkonzentrationen bzw. deren Verhältnisse aufgrund der Lagerung nur dann möglich, wenn sie signifikant größer als die Streubereiche sind.

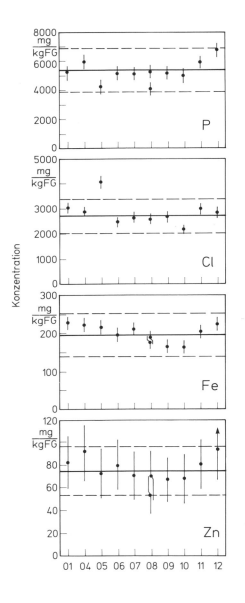

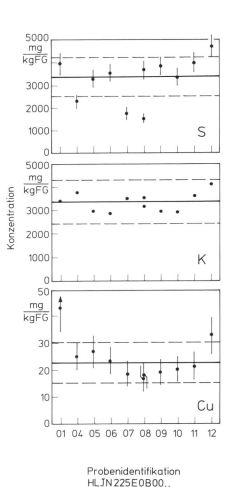

Probenidentifikation
HLJN225E0B00..

Abb. 1. Konzentration der Elemente in allen analysierten Leberproben. Als Laufindex an der Abszisse sind die letzten Ziffern der Probenidentifikation angegeben

Zu b) Zur Ermittlung eventueller zeitlicher Konzentrationsänderungen wurden die mittleren Elementkonzentrationen in den einzelnen Proben bestimmt. Die Ergebnisse sind in Abb. 1 zusammengefaßt.

Die eingetragenen Konzentrationsbereiche geben die Inhomogenität der Proben als 95%-Streubereich an. Nach unseren Messungen wird keine Abnahme der Elementkonzentrationen, die größer als der Streubereich ist, beobachtet.

Zu c) Einen direkten Weg, Konzentrationsänderungen in einer Probe nachzuweisen, bietet die Untersuchung einer Berührungsstelle zwischen Probe und Behälter. Eine Messung der Elementverteilung in einem eindeutig identifizierten Probenrandbereich wurde durchgeführt, es konnte jedoch keine Konzentrationsanomalie an der Berührungsstelle mit dem Behälter festgestellt werden.

3 Untersuchung der Homogenität eingelagerter homogenisierter Standards

Dieses zusätzliche Experiment wurde in Zusammenarbeit mit der KFA Jülich (Dr. Stoeppler) geplant. Aus den in Jülich eingelagerten Proben wurden der NBS-Tomatenblätterstandard und der KFA Algenstandard II zur Messung ausgewählt. Eine mikroskopische Begutachtung der Proben ergab, daß die durchschnittliche Korngröße der KFA-Probe erheblich unter derjenigen der NBS-Probe lag. Um die Analyse der Standards mit der Protonenmikrosonde zu ermöglichen, wurde das Probenpulver zunächst auf eine Trägerfolie gebracht und anschließend mit Luft abgeblasen, so daß im wesentlichen isolierte Probenpartikel auf der Folie zurückblieben. Die Partikel wurden mit einer weiteren Folie abgedeckt.

An der KFA-Probe wurden zwölf einzelne Partikel und an der NBS-Probe fünf einzelne Partikel mit der Mikrosonde analysiert. Die Meßergebnisse wurden auf die Kalium-Konzentrationen bezogen, um Einflüsse durch die unterschiedliche Partikeldicke auszuschalten. Aus den Einzelresultaten wurde für jedes Element ein Mittelwert berechnet und die Einzelresultate auf diesen Wert bezogen. Im Falle homogener Proben muß sich dann für jedes Element der Wert 1 ergeben.

Die Meßergebnisse schwanken jedoch zwischen 0,2 und 2,3 bei der KFA-Probe bzw. 0,1 und 4,2 bei der NBS-Probe und zeigen damit eine starke Inhomogenität der Proben, vor allem bei den Metallen. Weil die einzelnen Ergebnisse nicht normalverteilt sind, ist die Angabe eines 95%-Streubereichs (oder ähnliches) nicht möglich. Die NBS-Probe ist deutlich inhomogener als die KFA-Probe.

4 Zusammenfassende Bewertung und Ausblick

Die benutzte Spezialanalytik (PIXE unter Verwendung einer Protonenmikrosonde) zeichnet sich dadurch aus, daß für eine Analyse geringe Probenmengen erforderlich sind, und daß bei einer Analyse simultan alle oberhalb der Nachweisgrenze vorhandenen Elemente mit $Z > 13$ bestimmt werden können. Die Nachweisgrenzen liegen ohne Vorkonzentration bei einer Konzentration von 1 ppm, bei Anwendung einer Vorkonzentration (s. Humanblut) bis zu 3 Größenordnungen niedriger. Mit dem Protonenmikrostrahl können andererseits noch Spurenelementmengen von 10^{-16} g nachgewiesen werden.

Mit Hilfe dieser Analytik ergab sich, daß keine Migration von Spurenelementen durch die Grenzfläche der Probe während der Lagerung geschieht, die außerhalb des Streubereichs der Messungen liegt. Bei den Humanleberproben war zu erwarten, daß „eingefrorene" Elementverteilungen in ihrer Mikrostruktur empfindliche Indikatoren für solche Migrationen darstellen sollten. Allerdings zeigte sich bei den vorliegenden Leberproben eine relativ gleichmäßige Verteilung, so daß dieses Indiz für die Untersuchung einer evtl. Migration nicht genutzt werden konnte.

Die von uns gemessene Gleichverteilung entsprach bisherigen Annahmen und orientierenden Untersuchungen in den USA. Eigene neuere Messungen an anderen, schockgefrorenen Leberproben zeigen, daß diese Annahme nicht aufrechterhalten werden kann [2, 7]. Daraus ist zu folgern, daß die Störung einer charakteristischen Elementverteilung in der Leber doch als Nachweis für Migrationen mit Hilfe unserer Analytik möglich sein sollte. Dazu ist jedoch eine wesentlich elaboriertere Vorbereitung der Proben erforderlich, die bei den uns zur Verfügung gestellten Proben nicht realisiert war.

Für begleitende Untersuchungen im Rahmen des Umweltprobenbankprojektes und speziell zur Kontrolle der Funktionstüchtigkeit einer Umweltprobenbank legen unsere Erfahrungen folgendes weitere Vorgehen nahe:

a) Ein möglicherweise stattfindender Elementaustausch zwischen Gefäßwand und Probe kann im Prinzip durch direkte Analyse speziell hergestellter Proben mit der Protonenmikrosonde nachgewiesen werden. Dazu müssen schockgefrorene Proben mit dem sie umschließenden Gefäß am Gefriermikrotom zu 10 µm dünnen Scheiben geschnitten werden. An der Kontaktstelle zwischen Probe und Gefäß kann dann die Verteilung der Elemente sowohl in der Probe als auch in der Gefäßwand gemessen werden. Die absolute Nachweisgrenze von 10^{-16} g im bestrahlten Bereich sollte es ermöglichen, daß auch Elementmigrationen noch erkennbar sind, die durch die Analyse des gesamten Gefäßinhaltes nicht mehr nachweisbar wären. Ein entsprechender Versuch in Zusammenarbeit mit Herrn Dr. Stoeppler, KFA Jülich, ist bereits geplant worden, gelangte jedoch nicht mehr zur Ausführung.

b) Die Untersuchung der Blutproben erforderte für die von uns angewandte Meßmethode als Vorbedingung ein Anreicherungsverfahren, das einen Großteil der im Blut vorhandenen Makroelemente, die infolge zu hoher Zählrate den Nachweis der Spurenmetalle verhindern würden, nicht mitanreichert. Es konnte gezeigt werden, daß auf diese Weise toxische Elemente mit einer Nachweisgrenze von 50 ppb gemessen werden können. Die Konzentration von Pb und von toxischen Elementen der 2. Generation kann damit im Blut gemessen werden (wenn auch nur mit mäßiger Präzision), während die typischen Konzentrationen für Hg und Cd weit unterhalb der Nachweisgrenze liegen. Arbeiten mit dem Ziel, die Nachweisgrenzen des Verbundverfahrens durch ein geeignetes Aufschlußverfahren mit höherer Einwaagemöglichkeit deutlich zu verbessern, sind noch nicht abgeschlossen.

c) Der Versuch zur Überprüfung der Homogenität homogenisierter Proben zeigt, daß die Protonenmikrosonde für solche Untersuchungen sehr gut geeignet ist. Das Ergebnis, daß die Proben im 10 μm-Bereich stark inhomogen sind, ist nicht überraschend. Für die Praxis wäre es interessanter, festzustellen, oberhalb welcher analysierter Masse die Inhomogenität der Proben vernachlässigbar wird und ob eine Sedimentation der Proben in ihren Behältern stattfindet. Diese Fragestellungen können mit der Protonenmikrosonde prinzipiell bearbeitet werden.

Literatur

1. Bischof W, Höfert M, Wilde HR, Raith B, Gonsior B, Enderer K (1982) Nucl Instr and Meth 197:201
2. Höfert M, Bischof W, Stratmann A, Raith B, Gonsior B (1984) Nucl Instr and Meth B3:572
3. Raith B, Wilde HR, Roth M, Stratmann A, Gonsior B (1980) Nucl Instr and Meth 168:251
4. Raith B, Stratmann A, Wilde HR, Gonsior B, Brüggerhoff S, Jackwerth E (1981) Nucl Instr and Meth 181:199
5. Brüggerhoff S, Jackwerth E, Raith B, Stratmann A, Gonsior B (1982) Fresenius Z Anal Chem 311:252
6. Bischof W, Höfert M, Raith B, Wilde HR, Gonsior B, Enderer K (1983) Trace element analytical chemistry in medicine and biology, vol 2, 1053
7. Gonsior B, Bischof W, Höfert M, Raith B, Stratmann A, Rokita E (1984) Proceedings of the 2nd international conference on applications of physics to medicine and biology, Trieste. World Scientific Publ., Singapore, S 575

Auf die folgenden mit dem Projekt in Zusammenhang stehenden Publikationen wurde im Text kein Bezug genommen:

8. Wilde HR, Bischof W, Raith B, Uhlhorn CD, Gonsior B (1981) Nucl Instr and Meth 181:165
9. Brüggerhoff S, Jackwerth E, Raith B, Divoux S, Gonsior B (1983) Fresenius Z Anal Chem 316:221

Patternanalyse der Chlorkohlenwasserstoffe in Umweltproben nach Gefrierlagerung

U. Reuter und K. Ballschmiter

Inhalt

1 Einleitung

Die Analyse der in den Umweltproben vorliegenden Substanzmuster persistenter Xenobiotika, das Ziel unseres Vorhabens, gibt die Möglichkeit,

1. die erfaßten Proben hinsichtlich längerfristiger Perspektiven einer Umweltprobenbank umfassend zu charakterisieren,
2. die Grundlage jeder mengenmäßigen Bestimmung von Spurengehalten auch der zunächst unbekannten Substanzen zu geben und
3. Auswahlmöglichkeiten für die Untersuchung repräsentativer Proben bei einer neuen Fragestellung in der Umweltdiskussion zu liefern.

Bevor derart anspruchsvolle Zielvorgaben zu verwirklichen sind, war unsere Mitarbeit bei der Lösung rein technischer Entwicklungsarbeiten der Umweltprobenbank erforderlich.

2 Homogenisation und Verpackung

Für Spurenanalytiker war es nicht überraschend, daß Verfahren der Homogenisation und Verpackung, die technologisch längst gelöst sind und in der Produktion angewendet werden, den Anforderungen für ein Umweltprobenbank-Projekt nicht genügen konnten. Selbst Techniken, Materialien und Vorgehensweisen, wie sie in den nahe verwandten Blut- und Samenbanken üblich sind, konnten nicht umgesetzt werden. Eine Umweltprobenbank bedeutete auch hier Neuland und zwar deshalb, weil Probenveränderungen durch Handhabung und Verarbeitung in den vorgenannten Bereichen bislang eine untergeordnete Rolle spielten. Da wir die Bedeutung einer Umweltprobenbank im Hinblick auf gegenwärtige und zukünftige gesetzliche Maßnahmen als auch für Trendaussagen unserer Umweltsituation sehen, haben wir uns dieser Herausforderung gestellt und uns mit rein technischen Fragen auseinandergesetzt. Die unter dem Gesichtspunkt einer optimalen Probenbehandlung für eine Spurenanalyse erarbeiteten Lösungen wurden von uns dem Vorhaben zugänglich gemacht.

Eine Vorgabe war, Material zu finden, das den analytischmethodischen Vorgaben genügte, zugleich aber auch bei Temperaturen um $-150\,°C$ eingesetzt werden konnte. Wir fanden Behältermaterial, das gegen extreme Temperaturunterschiede stabil ist, sich dicht verschließen läßt und das hinsichtlich der von uns und anderen Gruppen analysierten Organochlorverbindungen keine Probleme durch Wandkontakt mit den Proben zeigt. Die von uns vorgelegte Studie wurde dann auch Grundlage für den Einsatz von Borosilikatgläsern mit Metalldichtfolien unter den Verschlußkappen in der Umweltprobenbank.

Denkbaren Beeinträchtigungen der Probe durch Behältermaterial bei jahrzehntelanger Lagerung setzen wir bis zum heutigen Tage die praktischen Erfordernisse des Umgangs entgegen. Leiten ließen wir uns aber auch von den Erkenntnissen, was Katalyse zu bewirken vermag. Wir arbeiten daran, Behälter zu entwickeln, bei denen die Probe nur mit vollständig inerten Oberflächen in Kontakt kommt und die trotzdem die sonstigen Kriterien der Handhabung und Lagerung ebenso erfüllen.

Die Anforderung an eine Umweltprobenbank, sowohl eine Situationsbeschreibung zu geben wie auch Entwicklungen der Belastungen von Ökosystemen aufzuzeigen, macht es notwendig, neben Einzelproben auch zusammenfassende Sammelproben einzulagern. Diese „Mittelwertproben" sind erst nach einer aufwendigen Homogenisation zu erhalten. Veränderungen der Probenzusammensetzung bei diesem Schritt sind optimal niedrig zu halten. Aus diesem Grunde muß sich der Spurenanalytiker auch mit diesem Verfahrensschritt auseinandersetzen. Verfahren der Homogenisation, die kontaktfrei arbeiten, existieren nicht. Solche mit geringer Direktberührung führen oft zu temperaturbedingten Veränderungen, z. B. bei Ultraschallanwendung zu thermischen Zersetzungen oder sind nicht effektiv. Es kommen deshalb nur solche Zerkleinerungs- und Mischverfahren in Frage, bei denen die freiwerdende Mahlenergie am Entstehungsort abgeführt wird. Diese Vorgabe führte zu Versuchen mit einer Tieftemperaturvermahlung. Die Homogenisierung selbst stellte dabei das geringere Problem dar, gemessen an den Störungsmöglichkeiten durch den Abrieb und dessen Folge für Zusammensetzung und Umwandlungsprozesse in der Probe. Für viele organische Verbindungen ließ sich allerdings die Vorhersage, daß metallischer Abrieb kurzfristig zu keiner merklichen Veränderung der Substanzgehalte führt, experimentell bestätigen. Inhibitorische und katalytische Effekte bei jahrelanger Einlagerung sind dagegen nicht auszuschließen und für bestimmte Substanzgruppen unbedingt zu erwarten.

Unter diesen Gesichtspunkten ist die Auswahl der Werkstoffe eines jeden Homogenisationssystems, was schon im Zusammenhang mit der Behälterfrage ausgeführt wurde, auf die Fragestellungen hin zu optimieren.

3 Analytik

Unser Hauptaugenmerk galt aber den Fragen, die die analytische Charakterisierung, die experimentelle Realisierung der Identifizierung und Bestimmung von Organochlorverbindungen, aufwirft. So erarbeiteten wir ein Analysenverfahren, das es gestattet, die unterschiedlichen Probearten nach einem einheitlichen Vorgehen zu behandeln. Ein solches standardisiertes Analysenverfahren hält den systematischen Fehler weitgehend konstant und minimalisiert ihn somit als Einflußparameter. Dadurch werden Aussagen zur Beeinflussung durch Transport, Bearbeitung und Lagerung der Proben erst in sich geschlossen.

Das Analysenverfahren mit seinen probespezifischen Variationsmöglichkeiten gibt Abb. 1 wieder.

Einer Kritik, das Analysenschema sei zu aufwendig, ist folgendes entgegenzuhalten:

1. Sehr häufig realisiert man nicht, welche Einzelschritte ein Analysenverfahren ausmachen,
2. es ist vergleichbar mit Vorgehensweisen, die von anderer Seite entwickelt wurden, und
3. es ist wegen seiner Universalität in der praktischen Anwendung scheinbar optimaleren Einzellösungen überlegen.

Von uns wurde damit die gesamte Probenvielfalt routinemäßig mit Erfolg analysiert (Abb. 2). Die Entwicklung stand auch unter dem Gesichtspunkt, nichtwissenschaftlichen Einrichtungen ein Verfahren anzubieten, das ständige organisatorische Umstellungen überflüssig macht.

Eine Grundvoraussetzung jeder Spurenanalyse im Grenzbereich ist die Minderung und Kontrolle der Blindwerte, die von den Arbeitsmitteln herrühren. Als Quelle solcher Störungen sind zunächst alle Handgriffe und Geräte anzusehen, die, beginnend mit der Probenahme, in Kontakt mit der Probe gelangen. Insbesondere sind die Geräteoberflächen, die Chemikalien und sonstigen Hilfsmittel verantwortlich für die in die Analysen eingeschleppten Blindwerte. Der Kontrolle dieser Störungen und noch mehr deren Beseitigung haben wir große Aufmerksamkeit geschenkt. Dieser Aufwand trägt maßgeblich zur Qualitätssicherung unserer Analysen bei. Mit dem von uns eingeführten Ausheizen bei 350 °C von Geräten und Chemikalien gelang uns eine erhebliche Blindwertminderung, die gerade im Hinblick auf eine Übernahme solcher Verfahren von Routinelabors als ein praxisbezogener Fortschritt anzusehen ist. Mit Erfolg konnten wir auch mit eigenen Verfahren, die chemischen Reaktionen mit physikalischen Trennungen kombinieren, wichtige Grundchemikalien zu extremer Reinheit säubern.

Der Einsatz von großen und teuren Geräten wird immer wieder als Nachweis für die Güte analytischer Ergebnisse genannt. Wenngleich eine gute instrumentelle Ausstattung unabdingbar ist, so gilt für die Spurenanalyse, daß diese Voraussetzung nur dann ihren positiven Niederschlag in den Analysenangaben findet, wenn eine ansonsten experimentell ausgereifte Bearbeitung die analytischen Gütekriterien erfüllt.

Zum Zwecke der Überprüfung der Richtigkeit der Analysenergebnisse wurde von der Möglichkeit des Probenaustausches und Ergebnisvergleiches mit den

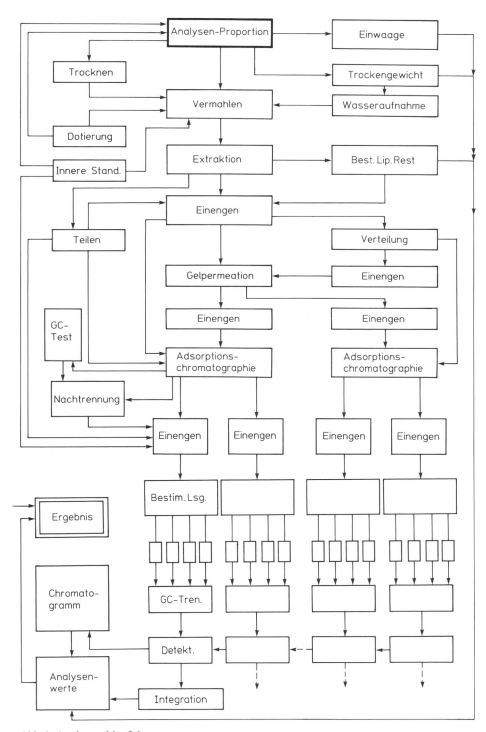

Abb. 1. Analysenablaufplan

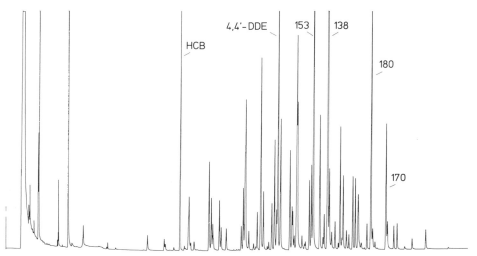

Abb. 2. Hochauflösende Kapillar-Gaschromatographie mit Elektroneneinfang-Detektion (HRGC/ECD) der PCB-Fraktion eines Karpfen-Extrakts nach flüssigchromatographischer Trennung

Kollegen des amerikanischen Bankvorhabens beim National Bureau of Standards (NBS), Washington, als Projekt einer internationalen Kooperation, Gebrauch gemacht.

Von beiden beteiligten Gruppen wurden parallel sechs Humanleberproben untersucht, von denen jeweils drei aus dem amerikanischen bzw. dem deutschen Vorhaben stammten und über deren Homogenität Informationen vorhanden wa-

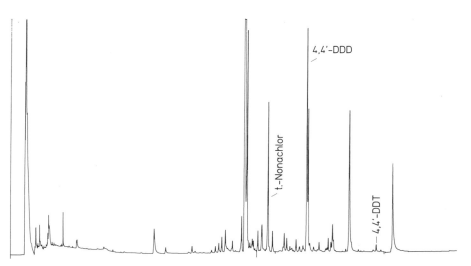

Abb. 3. Hochauflösende Kapillar-Gaschromatographie mit Elektroneneinfang-Detektion (HRGC/ECD) der DDT-Fraktion eines Humanleber-Extrakts nach flüssigchromatographischer Trennung

Tabelle 1. Vergleichsanalysen von Humanleber-Proben. Angaben in µg/kg Lipidextrakt

	USA Probe		BRD Probe	
	NBS	Ulm[a]	NBS	Ulm[b]
HCB	64 ± 20	73 ± 2	2460 ± 240	1920 ± 32
Beta-HCH	360 ± 64	–	812 ± 60	980 ± 18
4,4'-DDE	2205 ± 213	2130 ± 60	1750 ± 60	1860 ± 14

[a] Clean up: Gelpermeation/SiO$_2$.
[b] Clean up: DMF-Verteilung/Florisil.

ren. Die Proben wurden von uns nach der Standard-Aufarbeitungsmethode untersucht, mit der wir auch alle anderen Probenarten im Projekt analysierten (Abb. 1).

Eine der amerikanischen Humanleberproben wurde zur Kontrolle nach einem von uns neu konzipierten Verfahren aufgearbeitet. Die Übereinstimmung der so in unserem Arbeitskreis gewonnenen Ergebnisse mit den Ergebnissen des NBS war gut.

Die Tabelle 1 enthält die Gegenüberstellung von Ergebnissen für einige chlorierte Verbindungen, wobei die Ulmer Vergleichswerte aus beiden Verfahren herangezogen wurden.

Ein weiterer Bereich unserer Aktivität erstreckte sich auf die Erarbeitung von Techniken, wie bislang nicht in der Probenbank eingelagerte Matrices (z. B. Luft) gehandhabt werden können.

4 Zusammenfassung

Nach Auswertung und Darstellung der Analysenergebnisse für die einzelnen Probearten kann man feststellen, daß sich das von uns zur Bearbeitung der Proben ausgewählte modulare Standardverfahren bewährt hat.

Durch eine probeartspezifische Variation der Module eignet sie sich auch für weitere Probearten, die zu einer Einlagerung in die Probenbank vorgesehen sind.

Im Rahmen der möglichen Reproduzierbarkeiten der Analysenergebnisse kann auf eine Konstanz der Gehalte in den eingelagerten Probematerialien geschlossen werden.

Analysenverfahren zur Erfassung von Schadstoffkonzentrationen in der Umwelt

F. Korte, I. Gebefügi und K. Oxynos

Inhalt

1 Einleitung

Im Rahmen des Pilot-Umweltprobenbank-Projekts hat das Institut für Ökologische Chemie der Gesellschaft für Strahlen- und Umweltforschung den Projekt-Teil „Analytik persistenter, organischer Umweltchemikalien" übernommen.

Ziel war es, im Hinblick auf die Zielsetzung des Umweltprobenbank-Gedankens eine bestmögliche Charakterisierung der organischen Umweltchemikalien in den einzulagernden Matrizes zu entwickeln und durchzuführen.

2 Aufgabenstellung

Das Forschungsprojekt „Pilot-Umweltprobenbank" stellte dem Institut für Ökologische Chemie die Aufgabe, analytische Verfahren zur Charakterisierung der einzulagernden Proben über organische Chemikalien zu entwickeln und begleitende Analysen zur technischen Realisierung der Pilot-Umweltprobenbank – z. B. verlustfreie Handhabung und Lagerung der Proben – durchzuführen.

Langjährige Erfahrungen des Instituts, betreffend kontaminationsfreie Probenahmen, Materialauswahl für verlust- und kontaminationsfreie Verpackung, wurden von Anfang an den Projektteilnehmern zur Verfügung gestellt. Durch 6monatige Reanalyse der gelagerten Proben – über 2 Jahre hinaus – sollte als Erfolgskontrolle die Wirksamkeit der getroffenen Maßnahmen kontrollieren.

Die für die Pilotphase ausgewählten Matrixtypen, für die die organische Charakterisierungsanalytik durchgeführt wurde, waren:

Humanproben (Blut, Fettgewebe, Leberhomogenat);
Aquatische Proben (Karpfenhomogenat, Dreikantmuscheln, Klärschlamm)
Marine Umwelt (Makroalgen)
Terrestrische Ökosysteme (Böden, Regenwurm, Laufkäfer, Kuhmilch)

Unter den Laboratorien, die an der organischen Analytik beteiligt waren, wurde zunächst ein einheitliches Vorgehen vereinbart: Kaltextraktion der Proben, Fettclean-up, gaschromatographische Analyse. Hierbei wurde vorgeschlagen, in jedem Laboratorium die besteingeführte Methode weiter anzuwenden.

Auf eine Eichung der Laboratorien untereinander wurde verzichtet; denn dies hätte eine strikte Gleichsetzung aller Arbeitsschritte verlangt.

Zu bestimmen waren persistente Chlorkohlenwasserstoffe und polychlorierte Biphenyle, Umweltchemikalien, die im Spurenbereich ubiquitär vorkommen und gute Voraussetzungen für die Kontrolle der gesteckten Ziele darboten.

Das Institut für Ökologische Chemie konnte seine langjährige Erfahrung auf spurenanalytischem Gebiet hier voll einfließen lassen. Gewählt wurde die Kapillargaschromatographie und die Quantifizierung mit Hilfe zweier interner Standards. Für diese Arbeitsweise notwendige, aufwendige Fettabtrennung erfolgte mit einem Hochdruck-Chromatographie-System (HPLC). Die erforderliche Abtrennung der mitextrahierten Makromoleküle wurde mit Hilfe der Gel-Permeationschromatographie (GPC) durchgeführt.

3 Ergebnisse

Es ist gelungen, im Verlauf der Vorphase des Pilot-Projektes die Probenvorbereitung/Aufarbeitung für alle Matrizes zu adaptieren. Bis auf den Probentyp „Boden" konnten alle Matrizes gleichartig aufgearbeitet werden.

Die einzelnen Arbeitsschritte sind in Abb. 1 schematisch dargestellt.

```
┌── Probe
│   — Vermischen mit wasserfreiem Natriumsulfat/Seesand (2:1)
│   — Säulenextraktion mit n-Hexan/Aceton (2:1)
├─→ — Teilextrakt: Gravimetrische Fettbestimmung
│   — Einengen an der Kuderna-Danish-Apparatur
│   — Gel-Permeation-Chromatographie (Abtrennen von
│      mitextrahierten Makromolekülen)
│   — Einengen an der Kuderna-Danish-Apparatur
│   — Hochdruck-Flüssigchromatographie (Fettabtrennung)
│   — Einengen an der Kuderna-Danish-Apparatur
↓   — Kapillargaschromatographie
```

Abb. 1. Schema der Arbeitsschritte der Probenaufstellung

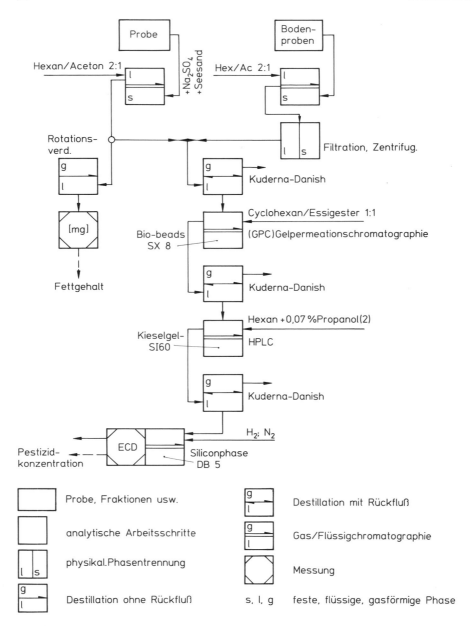

Abb. 2. Analysenschema

Die *Extraktion* stellt einen der kritischen Schritte des Analysevorganges dar, vor allem bezüglich ihrer Reproduzierbarkeit aufgrund der nicht exakt einstellbaren Extraktionsbedingungen (Homogenisierungsgrad, Packungsdichte der Säule, Tropfgeschwindigkeit).

Die Extraktionsparameter wurden anhand von Pestizidgemischen bestimmt und bei den Proben durch Analyse einer Nachextraktion (bis 450 ml) kontrolliert.

Fettbestimmung („Extraktionsrückstandsbestimmung")

Die „Fettbestimmung" erfolgt gravimetrisch: Ein exakter Teil des Extraktes wurde in einem gewogenen Kolben am Rotationsverdampfer bis zur Gewichtskonstanz eingetrocknet und aus der Gewichtsdifferenz der prozentuale Anteil des Rückstandes an der Einwaage berechnet.

Die gravimetrische Fettbestimmung ist bei den geringen Fettgehalten der meisten Matrizes nicht sehr zuverlässig, so daß die Konzentrationen auf Frischgewichtsbasis angegeben werden.

Wirkstoffbestimmung

Die Bestimmung der interessierenden Wirkstoffe erfolgte ausnahmslos mit Hilfe der Kapillargaschromatographie und selbsthergestellten Standards. Die Identifizierung – qualitative Analyse – konnte meist anhand der Retentionszeiten durchgeführt werden. In Zweifelsfällen wurden einerseits die betreffenden Wirkstoffe mit Reinsubstanz „aufgestockt", andererseits die Analyse auf eine Kapillarsäule unterschiedlicher Polarität wiederholt und ebenfalls „aufgestockt". Bei genügend hohen Konzentrationen wurde zusätzlich mit GC-MS bestätigt.

Quantifizierung

Die Quantifizierung erfolgte mit Hilfe von zwei internen Standards (Pentachlorbenzol, Decachlorbiphenyl), die nach der Extraktion zugesetzt werden, um einerseits evtl. Verluste während der Aufarbeitung zu kompensieren und um andererseits zu ermöglichen, ohne exakte Volumenmessung bzw. -dosierung bei den verschiedenen Analysenschritten zu arbeiten.

Interne Laborkontrolle

Um zuverlässige Daten zu erhalten, war es notwendig, intensiv und laufend die Reproduzierbarkeit aller Analyseschritte sowie die Reinheit der benutzten Lösungsmittel, Gase und Geräte zu überprüfen.

- Eine Blindprobe wurde in jeder Probenserie mitgeführt.
- Die „Eichwerte" für die Quantifizierung wurden täglich neu bestimmt und mit den alten verglichen.
- „Gespickte" Blindproben wurden beim Anzeigen von Störungen analysiert, um die Richtigkeit der Methode zu überprüfen.
- Für jeden Analysenschritt wurden mit großem Aufwand die Wiederfindungsraten bestimmt, um zu klären, ob Korrekturfaktoren eingeführt werden müs-

sen, ob also systematische Fehler vorliegen; dies ist in der Regel nicht der Fall.
- Die Arbeitsstandardlösungen (Gemische und einzelne Substanzen) wurden regelmäßig kontrolliert.
- Alle Rohdaten wurden aufbewahrt, damit eine erneute Auswertung jederzeit möglich war.

4 Bewertung

Frühere Messungen des Instituts haben gezeigt, daß persistente Organohalogenverbindungen, hier Aldrin und Dieldrin, in eingelagerten Proben (Tiefkühltruhe $-18\,°C$) nach 5 bzw. 7 Jahren keine Konzentrationsänderungen aufgewiesen haben (diese Messungen waren seinerzeit mit ^{14}C-markierten Verbindungen sowohl über die Messung der Aktivität als auch gaschromatographisch durchgeführt worden). – Ein physikalisch-chemischer oder biologischer Abbau der persistenten Chlorkohlenwasserstoffe während der Lagerung bei tiefen Temperaturen war nicht zu erwarten.

In den laufenden Vorhaben sollten die technischen Details: Probenahme, Transport, Zerkleinerung, Homogenisation, Abpackung (Kennzeichnung), Lagerung (Lagerhaltung), Zwischenlagerung, Analyse, Datenverarbeitung bearbeitet werden.

Aus der Sicht der Spurenanalyse sollten folgende Punkte erfüllt sein:

- *Kontaminationsfreie* Probenahme, Transport, Homogenisation und Lagerung (Handhabung),
- *Verlustfreie* „Handhabung" („positive und negative Kontamination"),
- hoher Homogenitätsgrad der Proben.

Die Analytik selbst hatte Lösungsvorschläge zu geben zu: Adaption der Methoden auf die einzelnen Matrizes, Extraktion, Abtrennung von störenden Verunreinigungen (clean up) von Fett und Makromolekülen, Handhabung eventueller Substanzverluste während der Aufarbeitung, gaschromatographische Spurenanalyse, Eichung, Auswertung, interne Laborkontrolle.

Größte Probleme brachten die matrixspezifischen Störsubstanzen, z.B. Schwefel und Schwefelverbindungen im Klärschlamm, und nicht näher definierte Störsubstanzen, z.B. in den Humanleberproben, die zumindest am Anfang für eine Reihe von Substanzen keine auswertbaren Chromatogramme lieferten.

Die Extraktion stellt den unsichersten Schritt dar, denn es ist nicht möglich, bei den sog. gewachsenen Proben eine exakte Extraktionsausbeute zu bestimmen. Durch Zugabe von inneren Standards können nur *Verluste* während der Handhabung kompensiert werden, der nichtextrahierte Anteil bleibt unbekannt, kann aber von Analyse zu Analyse variieren.

Die Abtrennung von störenden Verunreinigungen des Extraktes konnte durch die Entwicklung einer halbautomatischen HPLC-Fettabtrennung und Gel-Permeationschromatographie zufriedenstellend gelöst werden. Zwar zeigte die HPLC-Säule nach längerer Betriebsdauer Veränderungen im Trennverhalten, doch wird die Methode gegenüber dem sog. Florisil clean up vorzuziehen sein.

Die höchsten Kosten werden durch die hochreinen Lösungsmittel verursacht, die Florisil clean up benötigt ein Vielfaches an Lösungsmittel im Vergleich zu HPLC-Fettabtrennung.

Alle Extrakte, bis auf den vom Human-Fettgewebe und Milch, passieren die Gel-Permeationschromatographie, um extrahierte Makromoleküle abzutrennen. Diese Abtrennung ist wesentlich, um die HPLC-Säule zu schützen und um empfindliche Störungen bei der Kapillar-Gaschromatographie zu verhindern.

Die Kapillargaschromatographie ist bereits als Routinemethode etabliert. Mit splitloser Probenaufgabe und anschließender Spülung des Einlaßteils bekommt man sehr gut reproduzierbare Chromatogramme. Moderne Geräte ermöglichen die Zuordnung aufgrund der Retentionszeiten, im Zweifelsfall wird durch Aufstockung mit Standard identifiziert. Die Zuordnung wird regelmäßig mit GC-MS kontrolliert.

5 Zusammenfassung

Aus spurenanalytischer Sicht ist die laufende Analyse von Umweltproben, wie sie im Zusammenhang mit RTM (Real Time Monitoring) und Umweltprobenbank anfallen, möglich.

Für *bekannte,* verdampfte Verbindungen ist die Kapillargaschromatographie – unter Beachtung der Regeln der internen Laborkontrolle – ausgereift und routinemäßig einsetzbar. Die Auswertung läßt sich ebenfalls mit Hilfe der Datenverarbeitung automatisieren.

Für *unbekannte* oder *neue,* nicht identifizierte Chemikalien bieten sich der sog. Fingerprint und aufwendige GC-MS-Messungen als Möglichkeiten der Überwachung.

Weitere Forschungsarbeit sollte die Extraktion verbessern und effektive und verlustfreie clean up automatisierbar entwickeln.

Literatur

Kotzias D, Lay JP, Klein W, Korte F (1975) Rückstandsanalytik von Hexachlorbutadien in Lebensmitteln und Geflügelfutter. Chemosphere 4:247–250

Müller W, Korte F (1976) Polychlorierte Biphenyle und Hexachlorbenzol in Umweltproben aus dem süddeutschen Raum. Beiträge zur Ökologischen Chemie CXVII, Chemosphere 5:95–100

Sümmermann W, Rohleder H, Korte F (1978) Polychlorierte Biphenyle (PCB) in Lebensmitteln – zur Situation in der Bundesrepublik Deutschland. Z Lebensm Unters-Forsch 166:137–144

Rohleder H, Staudacher H, Sümmermann W (1976) Hochdruck-Flüssigchromatographie zur Abtrennung lipophiler chlororganischer Umweltchemikalien von Triglyceriden in der Spurenanalyse. Fresenius Z Anal Chem 279:152–153

Institut für Ökologische Chemie (1976) Sachstandsbericht. Pilot-Studie zur Durchführbarkeit eines Umweltprobenbank-Programms (UGB006)

Kilzer I, Weisgerber W, Klein W, Korte F (1977) Contributions to ecological chemistry CXXXIV. Fate of aldrin-^{14}C-derived residues in soil and plant samples during deep-frozen storage for five to seven years. Chemosphere 6:93–98

Vollner L (1979) Counter-current distribution as a purification method prior to glass capillary chromatography in organic residue analysis. Pittsburgh Conference on Analytical Chemistry and Applied Spectroscopy, Cleveland, USA, 5.–9.3.1979

Vollner L (1979) Fingerpint-analyses of plant and animal tissues with respect to the occurrence of foreign compounds. University of Nebraska, USA, 12.3.1979

Vollner L, Korte F (1980) Fingerprint analyses of plant and animal tissues with respect to the occurrence of foreign compounds. Int J Environ Anal Chem 7:191–204

Oxynos K, Gebefügi I (1982) Clean-up and analysis of environmental samples on halogenated hydrocarbons. 7th US-German Seminar of State and Planing on Environmental Banking, GSF, Neuherberg, 17.–18.5.1982

Gebefügi I (1983) Environmental specimen banking – conceptions and realization of national specimen banks. 2nd International Symposium on Environmental Pollution and its Impact on Life in the Mediterranean Region, Iraklion, Kreta, Griechenland, 6.–9.9.1983

Gebefügi I (1983) Experiences with organohalogen determination with respect to environmental specimen banking. 8th US-German Seminar of State and Planning on Environmental Specimen Banking, National Bureau of Standards, Washington, USA, 19.–20.9.1983

Korte F (1984) Realization of specimen banking: chemical approaches. In: Lewis RA, Stein N, Lewis CW (eds) Environmental specimen banking and monitoring as related to banking. Martinus Nijhoff Publishers, Boston The Hague Dordrecht Lancaster, pp 84–87

Kontrolle des Gehaltes an polycyclischen aromatischen Kohlenwasserstoffen in verschiedenen Matrices sowie des Gehaltes an Azaarenen im Klärschlamm während der Langzeitlagerung in einer Umweltprobenbank

G. Grimmer, D. Schneider und G. Dettbarn

Inhalt

Zusammenfassung

In folgenden Probenarten wurde der Gehalt an PAH vor der Einlagerung und während der Langzeitlagerung untersucht: Boden, Dreikantmuschel, Gras, Humanfett, Humanleber, Karpfen, Klärschlamm (gelagert in Ahrensburg und Jülich), Laufkäfer, Pappelblätter, Braunalgen und Regenwürmer.

Die Lagerung erfolgte bei der Temperatur des flüssigen Stickstoffs oder bei 188 K. Für einige Probenarten, für die in der Literatur keine Analysenmethoden beschrieben waren, wurden Verfahren zur quantitativen kapillargaschromatographischen Bestimmung von polycyclischen aromatischen Kohlenwasserstoffen (PAH) und Azaarenen entwickelt.

Der PAH- und Azaarengehalt der untersuchten Probenarten hatte sich nach zweijähriger Lagerzeit nicht verändert.

1 Zielsetzung

Ziel des Forschungsvorhabens war, in mehreren ausgewählten Probenarten den Gehalt an polycyclischen aromatischen Kohlenwasserstoffen (PAH) während der mehrjährigen Lagerung in einer Umweltprobenbank bei tiefen Temperaturen (flüssiger Stickstoff) zu kontrollieren. Die Probenart Klärschlamm sollte dabei unter verschiedenen Temperaturbedingungen (flüssiger Stickstoff sowie $-85\,°C$) gelagert werden und dabei auch das Verhalten einer weiteren Schadstoffklasse (stickstoffhaltige polycyclische aromatische Verbindungen = Azaarene) während der Lagerung periodisch überprüft werden.

2 Die Bedeutung der polycyclischen aromatischen Kohlenwasserstoffe als Umweltcarcinogene

Für den Menschen sind Schadstoffe in Luft und Nahrungsmittel gesundheitliche Risikofaktoren und vor allem dann schwer erkennbar, wenn sie chronisch toxische Eigenschaften haben, d. h. wenn die gesundheitlichen Schäden erst nach einer längeren Zeit eintreten. Dies trifft in besonderem Maße für krebserzeugende und mutagene Substanzen zu. Eine Reihe von Substanzen aus der Stoffklasse der PAH erfüllen die Kriterien eines chronisch-toxischen Schadstoffs: Sie sind allgemein in der Umwelt verbreitet und zeigen bei verschiedenen Tierarten eine krebsauslösende Wirkung [1–3]. Damit stehen sie im Verdacht, auch beim Menschen bestimmte Krebserkrankungen auszulösen, wenn sie in hinreichenden Mengen in der Umwelt auftreten. Aufgrund der Befunde bei verschiedenen Tierarten, aber auch der Wirkung auf Kulturen von tierischen und menschlichen Geweben ist erkennbar, welche PAH carcinogene d. h. krebserzeugende Eigenschaften besitzen. Aus Arbeitsplatzstudien läßt sich ein kausaler Zusammenhang zwischen Krebserkrankungen und der krebserzeugenden Wirkung einer einzelnen Substanz oder eines Stoffgemisches, wie es Emissionen darstellen, erkennen. Die bei einer unvollständigen Verbrennung entstehenden Pyrolysate enthalten PAH – z. B. die Emission aus kohlebeheizten Zimmeröfen, aus Kokereien oder aus Kraftfahrzeugen. Durch eine Zerlegung dieser Emission in einen PAH-haltigen und PAH-freien Anteil läßt sich durch einen Vergleich der krebserzeugenden Wirkung der anteilig dosierten Fraktionen mit dem ursprünglichen Kondensat zeigen,

– daß sowohl der Rauch aus kohlebeheizten Zimmeröfen [4] als auch das kondensierte Abgas von Kraftfahrzeugen dosisabhängig maligne Geschwülste auf der Haut von Mäusen [5–9] oder in der Lunge von Ratten [10] erzeugt;
– daß die krebserzeugende Wirkung der Kondensate zum überwiegenden Teil durch die im Rauch oder Abgas enthaltenen PAH verursacht wird, während die PAH-freien Anteile kaum Carcinome erzeugen. Der Wirkungsanteil der PAH, die mehr als 3 Ringe enthalten, erreicht bei Steinkohlenbrikettheizung praktisch 100% [4] und etwa 84–91% [9, 10] bei Abgas von Kraftfahrzeugen mit Benzinmotoren (zusammenfassend siehe [11]).

Sicher lassen sich diese Zahlen aus den Tierversuchen nicht quantitativ auf den Menschen übertragen, doch besteht aufgrund der erwähnten arbeitsmedizinischen Beobachtungen und der Ähnlichkeit des PAH-Stoffwechsels in tierischen und menschlichen Zellen kein Zweifel, daß die Stoffklasse der PAH auch beim Menschen ein bedeutendes Krebsrisiko darstellt.

3 Untersuchungen der polycyclischen aromatischen Kohlenwasserstoffe in verschiedenen Probenarten

In folgenden Probenarten wurde der Gehalt an PAH vor der Einlagerung und während der Langzeitlagerung untersucht: Boden, Dreikantmuschel, Gras, Humanfett, Humanleber, Karpfen, Klärschlamm (gelagert in Ahrensburg und Jülich), Laufkäfer, Pappelblätter, Braunalgen und Regenwürmer. Eine ausführliche Darstellung der Analysenergebnisse ist im Forschungsbericht des Bundesministers für Forschung und Technologie [12] wiedergegeben.

3.1 Analysenzeitplan

Die in der Umweltprobenbank der Kernforschungsanlage Jülich oder in den Satellitenbanken in Münster, Kiel und Ahrensburg gelagerten Proben wurden in periodischen Abständen untersucht. Der Transport der Proben wurde in Spezialgefäßen bei der Temperatur des flüssigen Stickstoffs durchgeführt, während die Zwischenlagerung der zu untersuchenden Proben bis zum Zeitpunkt ihrer Analyse bei $-85\,°C$ ($=188$ K) erfolgte.

3.2 PAH-Analysenverfahren

Für einige Probenarten waren in der Literatur keine Analysenmethoden beschrieben. Daher war es notwendig, für diese Probenarten Methoden zur vollständigen Extraktion sowie zur Anreicherung der PAH zu entwickeln. Zur Quantifizierung wurde in allen Fällen die Kapillargaschromatographie mit dem Flammen-Ionisationsdetektor verwendet. Eine schematische Darstellung des Analysenverfahrens ist am Beispiel von Klärschlamm in Abb. 1 dargestellt.

3.3 Probengröße

Um die Lagerkapazität der Umweltprobenbank optimal zu nutzen, ist es erforderlich, die Probengröße so klein wie möglich zu halten. Die minimale Probengröße ergibt sich dadurch, daß zur Bestimmung der Konzentration der Hauptkomponenten ein Mindestgehalt der Untersuchungsprobe von 10 ng erforderlich ist, wenn für die PAH-Profilanalyse die splitlose Kapillargaschromatographie mit einem Flammen-Ionisationsdetektor verwendet wird.

Als weitaus schwierigstes Problem bei der PAH-Profilanalyse in diesem Nanogrammbereich erweist sich das Vermeiden von Sekundärverunreinigungen während der Probenahme und während der Analyse aus der Laborumgebung. Das Einschleppen organischer Verunreinigungen in Nanogrammengen ist z. B. in Reinluftarbeitsplätzen (laminar flow system) vermeidbar. So können z. B. die

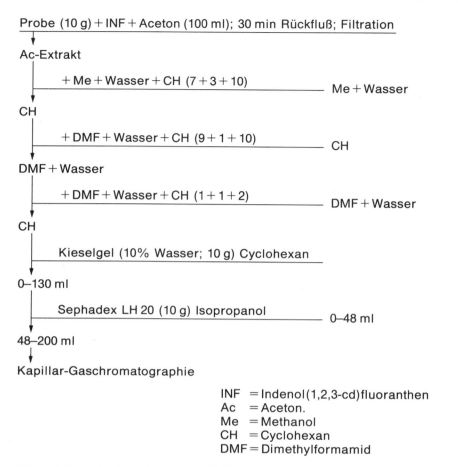

Probe (10 g) + INF + Aceton (100 ml); 30 min Rückfluß; Filtration

Ac-Extrakt

+ Me + Wasser + CH (7 + 3 + 10) ———————— Me + Wasser

CH

+ DMF + Wasser + CH (9 + 1 + 10) ———————— CH

DMF + Wasser

+ DMF + Wasser + CH (1 + 1 + 2) ———————— DMF + Wasser

CH

Kieselgel (10% Wasser; 10 g) Cyclohexan

0–130 ml

Sephadex LH 20 (10 g) Isopropanol ———————— 0–48 ml

48–200 ml

Kapillar-Gaschromatographie

INF = Indenol(1,2,3-cd)fluoranthen
Ac   = Aceton.
Me   = Methanol
CH   = Cyclohexan
DMF = Dimethylformamid

Abb. 1. Schema der Anreicherung von PAH aus Klärschlamm

Probenarten Humanblut, Humanfett, Humanleber und Kuhmilch aufgrund ihres geringen PAH-Gehaltes nur unter Reinluftarbeitsplatzbedingungen untersucht werden.

Im Fall von Probenarten, deren Gehalt an Benzo(a)pyren und anderen Hauptkomponenten 100 ng überschreitet, ist eine Analyse auch bei ungeschützten Laborarbeitsplätzen unter Berücksichtigung mehrerer Schutzmaßnahmen möglich. Der Ausschluß der im Labor ubiquitär vorhandenen dampfförmigen oder an Luftstaubpartikel gebundenen organischen Substanzen (z. B. Phthalsäurereester) ist deshalb erforderlich, weil die zur Zeit für die Anzeige in der Gaschromatographie verwendeten Flammen-Ionisations-Detektoren flüchtige kohlenstoffhaltige Verbindungen bereits im Massenbereich von 0,1–0,01 ng (= 0,0000001–0,00000001 mg) anzeigen.

4 Ergebnis der Prüfung des Gehaltes der PAH während der Lagerung der Proben

Die Probenarten Boden, Dreikantmuscheln, Gras, Humanfett, Humanleber, Karpfen, Klärschlamm, Laufkäfer, Pappelblätter, Braunalgen und Regenwürmer wurden entsprechend dem zuvor erwähnten Zeitplan auf ihren Gehalt an polycyclischen aromatischen Verbindungen (PAC) mit mehr als 3 Ringen kapillargaschromatographisch untersucht. Mit der verwendeten Methode werden PAH und andere neutrale PAC wie Thiaarene (schwefelhaltige PAC), Oxaarene (sauerstoffhaltige PAC) sowie deren Alkylderivate erfaßt. Abbildung 2 zeigt die Auftrennung des in einer Klärschlammprobe enthaltenen Gemisches neutraler polycyclischer aromatischer Verbindungen. Aus der Vielzahl der Verbindungen wurden die folgenden, in allen untersuchten Matrices vorkommenden Verbindungen ausgewählt: Fluoranthen, Pyren, Benzo(b)naphtho(2,1-d)thiophen, Benzo(ghi)fluoranthen + Benzo(c)phenanthren, Cyclopenta(cd)pyren, Benz(a)anthracen, Chrysen + Triphenylen, Benzo(b)fluoranthen, Benzo(j)fluoranthen, Benzo(k)fluoranthen, Benzo(e)pyren, Benzo(a)pyren, Perylen, Indeno(1,2,3-cd)pyren, Benzo(ghi)perylen, Anthanthren und Coronen.

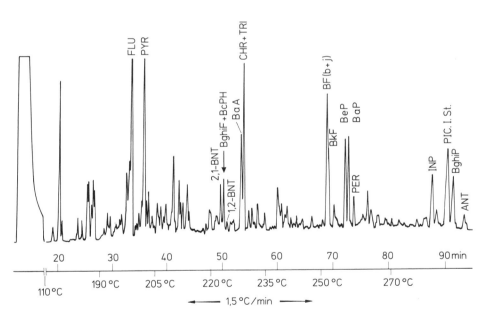

Abb. 2. Chromatogramm der neutralen polycyclischen aromatischen Verbindungen in Klärschlamm, aufgenommen mit einem Flammen-Ionisations-Detektor. Bedingungen der Kapillargaschromatographie: Glaskapillar-Säule 25 m × 0,4 mm belegt mit Poly-dimethylsiloxan (Cpsil 5), Filmdicke 0,75 μm, splitlose Injektion bei 110 °C Säulentemperatur, Injektorblocktemperatur 250 °C, Detektortemperatur 270 °C

Tabelle 1. Konzentration carcinogener polycyclischer aromatischer Kohlenwasserstoffe in verschiedenen Probenarten (µg/kg)

Probenart	Proben-größe (g)	BaA	CHR	BF (b+j+k)	BaP	INP
Boden	50	5,59	14,78	26,10	7,41	9,27
Dreikantmuscheln	25	0,78	2,32	2,09	0,70	0,45
Gras	50	0,50	4,32	2,11	0,32	0,39
Humanfett	307	0,075	0,153	0,206	0,097	0,062
Humanleber	470	0,006	0,018	0,008	0,001	0,001
Karpfen	50	0,248	0,398	0,357	0,198	0,155
Klärschlamm	10	72,0	115,0	161,0	59,0	52,0
Laufkäfer	5	1,48	3,33	3,96	1,55	1,52
Pappelblätter	5	4,94	24,68	19,79	4,65	4,93
Braunalgen	50	0,182	1,154	0,974	0,084	0,230
Regenwürmer	10	0,80	3,17	3,53	1,24	1,06
Humanblut	995	0,010	0,056	0,014	0,004	0,002
Kuhmilch	1 067	0,002	0,007	0,001	0,00001	0,0001

BaA = Benz(a)anthracen, CHR = Chrysen + Triphenylen, BF = Benzo(b)fluoranthen, Benzo(j)-fluoranthen und Benzo(k)fluoranthen, BaP = Benzo(a)pyren, INP = Indeno(1,2,3-cd)pyren.

Ergebnisse der Untersuchung des PAH-Gehaltes in den einzelnen Probenarten sind in der Tabelle 1 zusammengestellt. In keiner der untersuchten Probenarten (Matrices) wurde während der Lagerung in der Umweltprobenbank eine Abnahme der Konzentration der betrachteten PAH beobachtet.

5 Azaarene im Klärschlamm

Azaarene sind Bestandteile von verschiedenen Emissionen sowie in Steinkohlenteer und Rohöl enthalten. Sie sind daher ähnlich häufig wie PAH verbreitet. Von einigen Azaarenen ist bekannt, daß sie maligne Geschwülste im Tierversuch erzeugen. Basische stickstoffhaltige polycyclische aromatische Verbindungen wurden als eine weitere Stoffklasse in die Untersuchungen über Langzeitlagerungen einbezogen, da verschiedene Azaarene wie z. B. Benz(a)acridin oder Dibenz(a,j)acridin relativ leicht zersetzlich sind. Sie stellen somit einen empfindlichen Indikator für die Qualität der Lagerbedingungen dar.

5.1 Analysenmethode für Azaarene

Abbildung 3 zeigt das Schema der Extraktion und Aufarbeitung einer Klärschlammprobe. Die quantitative Bestimmung erfolgt durch die Kapillargaschromatographie, wobei ein Flammen-Ionisations-Detektor oder ein stickstoffsensitiver Detektor verwendet wird.

Die mit beiden Detektoren aufgenommenen Chromatogramme unterscheiden sich nur geringfügig, was darauf hindeutet, daß das gewählte Anreicherungsverfahren hoch selektiv ist.

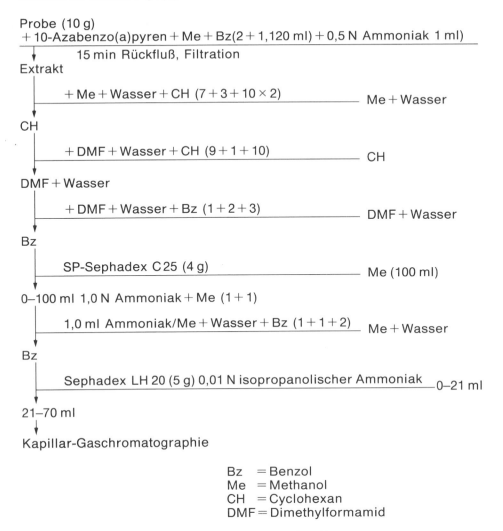

Probe (10 g)
+ 10-Azabenzo(a)pyren + Me + Bz(2 + 1,120 ml) + 0,5 N Ammoniak 1 ml)

15 min Rückfluß, Filtration

Extrakt

+ Me + Wasser + CH (7 + 3 + 10 × 2) ——— Me + Wasser

CH

+ DMF + Wasser + CH (9 + 1 + 10) ——— CH

DMF + Wasser

+ DMF + Wasser + Bz (1 + 2 + 3) ——— DMF + Wasser

Bz

SP-Sephadex C 25 (4 g) ——— Me (100 ml)

0–100 ml 1,0 N Ammoniak + Me (1 + 1)

1,0 ml Ammoniak/Me + Wasser + Bz (1 + 1 + 2) Me + Wasser

Bz

Sephadex LH 20 (5 g) 0,01 N isopropanolischer Ammoniak 0–21 ml

21–70 ml

Kapillar-Gaschromatographie

Bz = Benzol
Me = Methanol
CH = Cyclohexan
DMF = Dimethylformamid

Abb. 3. Schema der Anreicherung von Azaarenen aus Klärschlamm

6 Ergebnis der Prüfung des Gehaltes der Azaarene während der Lagerung der Proben

Da die Azaaren-Konzentration der betrachteten Verbindungen bei zweijähriger Lagerung unter beiden Temperaturbedingungen gleich waren, ist zu vermuten, daß diese der Anfangskonzentration im frisch gezogenen Klärschlamm entspricht. Die Wiederholung der Azaarenbestimmung (n = 4) nach einer Lagerzeit von 5 Monaten bei −85 °C bestätigt die Stabilität der betrachteten Azaarene.

Literatur

1. Berichte 1/79 des Umweltbundesamtes (1979) Luftqualitätskriterien für ausgewählte polyzyklische aromatische Kohlenwasserstoffe. Erich Schmidt Verlag, Berlin, 270 Seiten
2. Grimmer G (Hrsg) (1983) Environmental carcinogens: polycyclic aromatic hydrocarbons. CRC Press, Boca Raton, Florida, 261 Seiten
3. IARC Monograph, vol 32 (1983) Polynuclear aromatic compounds, part 1, chemical, environmental and experimental data. IARC, Lyon, 477 Seiten
4. Grimmer G, Brune H, Deutsch-Wenzel R, Dettbarn G, Misfeld J, Abel U, Timm J (1984) The contribution of polycyclic aromatic hydrocarbons to the carcinogenic impact of emission condensate from coal-fired residential furnaces evaluated by topical application to the skin of mice. Cancer Lett 23:167–173
5. Kotin P, Falk HL, Thomas M (1954) Aromatic hydrocarbons II. Presence in the particulate phase of gasoline engine exhausts and the carcinogenicity of exhaust extracts. AMA Arch Indust Hyg & Occup Med 9:164–177
6. Kotin P, Falk HL, Thomas M (1955) Aromatic hydrocarbons III. Presence in the particulate phase of diesel-engine exhaust on the carcinogenicity of exhaust extracts. AMA Arch Indust Health 11:113–120
7. Hoffmann D, Theisz E, Wynder EL (1965) Studies on the carcinogenicity of gasoline engine exhaust. J Air Poll Control Assoc 15:162–165
8. Brune H, Habs M, Schmähl D (1978) The tumor-producing effect of automobile exhaust condensate and fractions thereof. II. Animal studies. J Environ Pathol Toxicol 1:737–746
9. Grimmer G, Brune H, Deutsch-Wenzel R, Naujack KW, Misfeld J, Timm J (1983) On the contribution of polycyclic aromatic hydrocarbons to the carcinogenic impact of automobile exhaust condensate evaluated by local application onto mouse skin. Cancer Lett 21:105–113
10. Grimmer G, Brune H, Deutsch-Wenzel R, Dettbarn G, Misfeld J (1984) Contribution of polycyclic aromatic hydrocarbons to the carcinogenic impact of gasoline engine exhaust condensate evaluated by implantation into the lungs of rats. INCI 72:733–739
11. Grimmer G (1982) Bilanzierung der krebserzeugenden Wirkung von Emissionen aus Kraftfahrzeugen und Kohleöfen mit carcinogen-spezifischen Testen. Funkt Biol Med 1:29–38
12. Grimmer G, Schneider D, Dettbarn G (1984) Kontrolle des Gehalts an polycyclischen aromatischen Kohlenwasserstoffen in verschiedenen Matrices sowie des Gehaltes an Azaarenen im Klärschlamm während der Langzeitlagerung in einer Umweltprobenbank. Forschungsbericht des Bundesministeriums für Forschung und Technologie

Errichtung einer Datenbank zur Umweltprobenbank

V. Krieg und R. Wisniewski

Inhalt

1 Bedeutung der Datenverarbeitung für das Pilotprojekt

Das Register für Onkologische Nachsorge der Gesellschaft zur Bekämpfung der Krebskrankheiten in Nordrhein-Westfalen e. V. (GBK) im Gerhard-Domagk-Institut für Pathologie der Westfälischen Wilhelms-Universität Münster hat im Jahre 1979 damit begonnen, im Rahmen des Pilotprojektes Umweltprobenbank sämtliche Aufgaben der Dokumentation und Datenverarbeitung wahrzunehmen.

Um einerseits eine einheitliche Dokumentation und andererseits eine gemeinsame Auswertung der verschiedensten Informationen zu gewährleisten, wurde eine zentrale Datenbank für die gesamte Pilotphase der Umweltprobenbank in Münster eingerichtet, da dort Erfahrungen bei der Verarbeitung personenbezogener medizinischer Daten, wie sie unter anderem auch für die Umweltprobenbank gespeichert werden müssen, bereits vorliegen.

Die zentrale Datenbank in Münster erfüllt die Funktion einer Informationszentrale. Alle Daten werden von den beteiligten Forschergruppen an die Datenbank gemeldet, dort dokumentiert, um bei Bedarf dort zur Verfügung gestellt werden zu können, wo sie benötigt werden. Die analysierenden Labors müssen, um ihre Analyseresultate richtig beurteilen zu können, über diejenigen Angaben, die bei der Probeentnahme anfallen, verfügen. Deshalb ist die Datenbank für die Vorbereitung und Durchführung einer vergleichbaren einheitlichen Erfassung und Dokumentation sämtlicher Informationen ebenso wie für das Bereitstellen der Daten in zusammenfassenden Übersichten verantwortlich.

Nur auf diese Art und Weise können übergreifende Auswertungen durchgeführt oder Hilfestellungen bei der Lösung logistischer Probleme geleistet werden.

Darüber hinaus garantiert nur eine zentrale Datenbank einen schnellen problemlosen Zugriff auf sämtliche Daten der Umweltprobenbank auch über die Pilotphase hinaus.

2 Aufgaben der Datenverarbeitung in der Pilotphase

Während der Pilotphase wurden folgende Angaben und Ergebnisse erfaßt und dokumentiert:

- Informationen zur Entnahme der gesamten Umweltprobe jeder Matrix,
- Informationen über jede eingelagerte Einzelprobe,
- Informationen über den Verlauf jeder eingelagerten Einzelprobe,
- Informationen über die Analyse jeder Einzelprobe und über die dabei gewonnenen Schadstoffkonzentrationen.

Von der Forschergruppe Datenverarbeitung und Dokumentation wurden während der Pilotphase folgende Aufgaben durchgeführt:

- Systemanalyse mit Definition der zu speichernden Informationen sowie der notwendigen Informationsflüsse innerhalb der gesamten Projektgruppe,
- Entwurf und Entwicklung von geeigneten Erfassungsprotokollen für die Übermittlung der Daten von den Projektteilnehmern zur Dokumentation,
- Bereitstellung eines Dokumentationssystemes, das Eingabe, Verarbeitung und Ausgabe der Daten ermöglicht,
- Beantwortung spezieller Fragestellungen des Projektträgers sowie anderer Projektteilnehmer,
- Entwicklung einer teilweise graphischen Darstellung der Analyseresultate.

2.1 Technische Durchführung

Zur Erfassung von Daten wurden folgende Erhebungsformulare entworfen:

Probendatenblatt 1

zur Erfassung sowohl der anamnestischen als auch der technischen Informationen bei der Probenahme für die Matrices

- Boden
- Dreikantmuschel,
- Gras,
- Humanblut,
- Humanfettgewebe,
- Humanleber,
- Karpfen,
- Klärschlamm,
- Kuhmilch,
- Laufkäfer,
- Marine Makroalge,
- Pappelblätter,
- Regenwurm,
- Weizen.

Liste der Probenidentifikationen

zur Erfassung des Realgewichtes jeder eingelagerten Einzelprobe bei der Einwaage in die Lagergefäße.

Probendatenblatt 2

zur Erfassung der Schadstoffkonzentrationen bei der Analyse auf

– Halogenkohlenwasserstoffe,
– Pflanzenbehandlungsmittel,
– polyzyklische aromatische Amine (PAH),
– Phenole,
– Ascorbinsäure und ungesättigte Fettsäuren,
– Hormone und Steroide,
– Schwermetalle in homogenisierten Proben,
– Schwermetalle in nicht homogenisierten Proben.

Als Ausgabeprotokolle sind folgende Listen und Tabellen entwickelt worden:

Probenbegleitschein

zu jeder Einzelprobe mit Angaben über

– Matrix,
– Lagerungsort,
– Gefäßart,
– Gewicht bei der Einwaage,
– vorgesehene Schadstoffanalyse.

Liste der Analysewerte

für die nachgehende Kontrolle der dokumentierten Konzentrationswerte durch die beteiligten Analytiker.

Histogramme

„halbgraphische Übersichten", die mit den Möglichkeiten eines Zeilendruckers erstellt, die Analyseresultate wiedergeben.

Graphiken

graphische Darstellungen der Analyseresultate mit einem Plotter (X-Y-Schreiber).

2.2 Realisierung und Methodik

Die Durchführung dieser Aufgabe erfolgte auf einem zu diesem Zweck installierten Rechnersystem 4633 der Firma DATAPOINT Deutschland GmbH mit 20 MB Magnetplattenspeicher sowie 128 KB Kernspeicher, das die vorhandenen Betriebsmittel des Registers für Onkologische Nachsorge der GBK, wie Drucker, Magnetband oder Datenfernübertragungseinrichtung, dadurch nutzen konnte, daß es in ein lokales Rechnernetzwerk integriert wurde.

Die Anwendungsprogramme sind hauptsächlich in einer firmenspezifischen Programmiersprache („DATABUS") erstellt worden. Diese beinhaltet als mögliche Zugriffsmethoden auf die gespeicherten Daten unter anderem die indexsequentielle (ISAM) und eine assoziierte Indexzugriffsmethode (AIM). Unter Ausnutzung dieser Methoden sowie einiger zusätzlicher Assemblerprogramme wurden die notwendigen Abfragestrukturen organisiert und realisiert. Dabei wird jeder Einzelprobe ein eindeutiger Identifikationscode zur Abspeicherung und Wiederfindung (Retrieval) zugeordnet. Bei der Datenbank zur Umweltprobenbank handelt es sich um einen 14stelligen Schlüssel mit codierten Angaben über:

- Matrix,   - Sollgewicht,
- Lagerungsort,   - Art der Analyse,
- Lagerungstemperatur,   - Analyseort,
- Gefäßart,   - laufendeNummer der Einzelprobe.

3 Ergebnisse

In der Datenbank zur Umweltprobenbank sind insgesamt die Realgewichte bei der Einwaage von ca. 8 000 eingelagerten Proben mit den anamnestischen Angaben über die jeweilige Gesamtprobe jeder Matrix gespeichert.

Während der Dauer der Pilotphase wurden etwa 20 000 Analysewerte über etwa 2 500 Einzelproben erfaßt und dokumentiert. Eine genaue Aufschlüsselung der Anzahl der Analysenwerte nach Matrix und Schadstoffklasse ist in Tabelle 1 dargestellt.

Tabelle 1. Anzahl der dokumentierten Analysewerte nach Matrix und Schadstoffklasse

Matrix	Schadstoffklasse						Summe
	HCH	Pflanzen-beh.-Mittel	PAH	Ascorbins., unges. Fetts.	Metalle	Metalle nicht homog.	
Boden		686					686
Dreikantmuschel	305	94	219		74		692
Gras		427	264		70		761
Humanblut	1 512			37	192		1 741
Humanfettgewebe	2 621		375	180			3 176
Humanleber	2 506		105	227	234	140	3 212
Karpfen	1 264		137	85	30		1 516
Klärschlamm	1 137		1 254		115		2 506
Kuhmilch	1 859			175			2 034
Laufkäfer	347		46		76		469
Marine Makroalge	286		134		102		522
Pappelblätter			514		72		586
Regenwurm	388		217		71		676
Weizen		251					
Summe	12 740	1 458	3 407	704	1 109	140	19 558

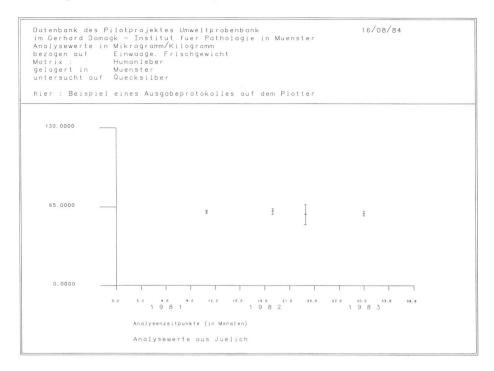

Zu verschiedenen Zwecken wurden sämtliche Analyseresultate nach verschiedenen Gesichtspunkten zusammengefaßt und sortiert sowohl dem Projektträger als auch mit Einschränkungen den analysierenden Labors in Form von „halbgraphischen Übersichten" oder in Form von graphischen Darstellungen bei Bedarf zur Verfügung gestellt.

Die vorhandene Kapazität des Magnetplattenspeichers (20 Millionen Zeichen) genügte, um sowohl die Daten selbst als auch sämtliche Anwendungsprogramme zu speichern. Ebenso zeigte sich, daß die Arbeitsweise und Geschwindigkeit des Rechners den an ihn gestellten Anforderungen genügte.

4 Schlußfolgerungen

Während der Pilotphase hat es sich gezeigt, daß das sinnvolle Führen einer zentralen Datenbank für eine Umweltprobenbank auf die konsequente Mitarbeit der beteiligten Forschungspartner angewiesen ist. Bei der Erstellung von jeglichen Übersichten oder Auswertungen können nur diejenigen Informationen berücksichtigt werden, die in der Datenbank gespeichert sind.

Auch wenn die gemeldeten Daten vor der Speicherung in der Datenbank noch so genau überprüft werden, fehlt den damit betrauten Mitarbeitern oftmals die Möglichkeit, die Daten aus dem Zusammenhang heraus richtig einzuschätzen. Durch die engere Anbindung der Datenbank an das Institut für Pharmakologie und Toxikologie der Westfälischen Wilhelms-Universität Münster konnte diese Schwachstelle weitestgehend behoben werden.

Trotz dieser Schwierigkeiten hat es sich während der Pilotphase gezeigt, daß die erarbeiteten Konzepte der Datenerfassung und -speicherung den Anforderungen einer Umweltprobenbank genügen. Die bisherigen Inhalte der Datenbank können als Basis einer Datenbank für eine Umweltprobenbank angesehen werden. Da sämtliche während der Pilotphase gewonnenen Informationen – alleine etwa 20 000 Schadstoffkonzentrationswerte aus 2 500 in den Jahren 1981 und 1982 aus der Umwelt entnommenen Proben verschiedener Matrizes repräsentieren einen ganz erheblichen auch wissenschaftlichen Wert – zentral in einer Datenbank gespeichert sind, stehen sie auch in Zukunft für mögliche Auswertungen zur Verfügung. Sowohl die Frage, wer das Zugriffsrecht auf die gespeicherten Daten beanspruchen darf, als auch die Art und Weise der technischen Sicherung der gespeicherten Daten, um eventuellen Feuerschäden oder ähnlichen Ereignissen vorzubeugen, muß für die Datenbank einer Umweltprobenbank verbindlich und eindeutig geregelt werden.

Monitoring und Lagerung von Human-Organproben

F. H. Kemper, H. P. Bertram, R. Eckard und C. Müller

Inhalt

1 Einleitung

Aufbauend auf den Erfahrungen von Voruntersuchungen über eine Tiefkühllagerung von Human-Organproben, konnte in 1980 die Fertigstellung einer weltweit in dieser Form einmaligen Einrichtung erreicht werden. Hierbei handelt es sich um eine begehbare Kühlzelle von mehr als 34 m³ Inhalt, in der die Temperatur ständig bei −80 °C bis −90 °C gehalten werden kann. Aufgrund des besonderen Verständnisses der beteiligten Firmen für die speziellen Belange dieser Einrichtung, die auch derzeit noch ohne Vorbild ist, und des besonderen Einsatzes aller Beteiligten konnte die funktionsfähige Einrichtung bereits 1980 in Betrieb genommen werden. Auf diese Weise war es möglich, wertvolle Erfahrungen für den Dauerbetrieb zu gewinnen. Der beste Beweis für die Richtigkeit des Konzeptes und seine technische Durchführung ist die Tatsache, daß die Anlage im Dauerbetrieb ohne nennenswerte Störungen läuft.

Neben der Schaffung einer geeigneten Lagerstätte (Bank) (Abb. 1 und 2) war Ziel des Forschungsvorhabens, weitere technologische Voraussetzungen praktisch zu erproben und durchzuführen. Hierbei standen im Vordergrund die Entnahme und Vorbereitung der Proben, Untersuchungen der Lagerbedingungen in unterschiedlichen Lagerbehältern. Darüber hinaus wurden zusammen mit der

Abb. 1. Bankgebäude der Umweltprobenbank für Human-Organproben Münster. Innenansicht vor Inbetriebnahme

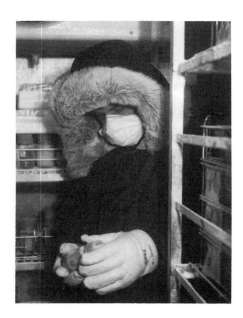

Abb. 2. Die sehr tiefen Temperaturen (−80 °C bis −90 °C) erlauben das Betreten der Tiefkühlzelle nur unter festgelegten Schutzmaßnahmen

Umweltdatenbank Münster entsprechende Formulare entwickelt, die sich seitdem gerade für Human-Organproben sehr bewährt haben.

Im Berichtszeitraum war es in vollem Umfang möglich, durch stufenweisen Aufbau den Betrieb und die Organisation einer Pilotprobenbank für Human-Organproben in Münster zu erreichen. Für die besondere Lagerung dieser Proben konnten geeignete Behälter gefunden werden. In parallel laufenden Studien wurden günstige Probennahme- und Vorbereitungs- sowie Langzeitkonservierungsbedingungen für ausgewählte Human-Organproben erarbeitet und

Grundlagen für geeignete Analysenverfahren sowohl im anorganischen als auch im organischen Bereich für entsprechende Schadstoffe gefunden.

Neben der Bestimmung der Schadstoffgehalte war wichtiger Zielpunkt des Forschungsvorhabens, Bedingungen für Dauerlagerungen festzustellen. Einschließlich der Vorphase von 1975 bis 1979 liegen nunmehr Analysenergebnisse von Human-Organproben gleicher Herkunft über einen Zeitraum von 8 Jahren vor und lassen erkennen, daß bei keiner der gelagerten Proben Hinweise für lagerungsbedingte, temperatur- und/oder zeitabhängige Veränderungen eintreten.

2 Zweckbestimmung der „Umweltprobenbank für Human-Organproben"

1. Auffindung und Bestimmung der Konzentration von für den Menschen umweltrelevanten Schadstoffen, die zum Zeitpunkt der Einlagerung dieser Proben nicht bekannt oder als solche auch durch mangelnde analytische Möglichkeiten nicht erkannt waren.
2. Kontrolle (Kurzzeit-Trendanalyse) von organischen und anorganischen Schadstoffen aus Human-Proben, die in bestimmten Zeitabschnitten aus vergleichbaren Kollektiven erhalten wurden. Real Time Monitoring (RTM).
3. Gewinnung und Aufstellung von Durchschnitts-Belastungswerten („Normwerten") organischer und anorganischer Schadstoffe beim Menschen. Durch fortlaufende Kontrolle und Bewertung dieser „Durchschnittsbelastung" lassen sich auch Kontrollen über gesetzlich veranlaßte Verbots- und Beschränkungsmaßnahmen erreichen.
4. Laufende Überwachung der Konzentration gegenwärtig bekannter Schadstoffe und in einer Bewertung hieraus Möglichkeiten zur Korrelation zwischen Erkrankungshäufigkeit und Schadstoffkonzentrationen.
5. Möglichkeiten zur Schwellendosis-Bestimmung für chronische Erkrankungen und andere Gesundheitsschädigungen mit langen Latenzperioden.
6. Retrospektive Überprüfung früher gewonnener Ergebnisse mit neuerer Methodologie.
7. Untersuchungen von Faktoren eines weiterreichenden „Umwelt-Monitor-Programms", insbesondere über „verfügbare" Human-Organe (-Organteile), die nach ihrer Art geeignet sind, zuverlässige Spiegel für Umweltbelastungen mit organischen und anorganischen Stoffen zu repräsentieren.

3 Lagerungsbedingungen

Die Lagerkapazität der Tiefkühlzelle bei $-80\,°C$ bis $-90\,°C$ wird ergänzt durch Kühlung des der Tiefkühlzelle vorgeschalteten Schleusenraumes auf $-20\,°C$.

Neben der zusätzlichen Lagermöglichkeit u.a. für Probenaufschlüsse und Matrices, die keiner tiefen Dauertemperatur bedürfen (Haare, Nägel), wird erreicht:

Wesentlich verminderte Glacifizierung der inneren Kühlzelltür durch geringere Luftfeuchtigkeit im Schleusenraum;
Vorkühlung der bei −80 °C einzulagernden Proben; damit größere Temperaturstabilität des Tieftemperaturraums bei Einbringen neuer Proben.

Das Gesamtgebäude der Umweltprobenbank für Human-Organproben einschl. Maschinenraum und Probenvorbereitungsraum ist durch eine Einbruch- und Sabotagemeldeanlage mit Videoüberwachung gegen unbefugtes Betreten abgesichert. Die „Rund-um-die-Uhr"(24 Stunden)-Überwachung erfolgt durch die zentrale Leitwarte des Großklinikums der Universität Münster. Zu diesem Zweck sind besondere, ständig nur für diese Überwachung zur Verfügung stehende Leitungen geschaltet. Zu diesen Überwachungsleitungen zählt auch eine ständige Temperaturüberwachung. Zudem ist die Anlage in einen besonderen, nur auf Spezialobjekte der Universität beschränkten Nacht-Wachdienst eingegliedert.

Auch bei Ausfall der öffentlichen Stromversorgung ist über die Notstromeinrichtung (Dieselaggregate) des Großklinikums automatisch eine Fortsetzung der Energielieferung gewährleistet. Sollte auch diese ausfallen, so kann über eine Spezialanlage die Tiefkühlzelle mit flüssigem Stickstoff geflutet werden.

4 Gewinnung von Human-Organproben – Obduktionsmaterial

Einschließlich der ab 1977 während der Vorphase des Pilotprojektes eingelagerten Human-Organproben aus Obduktionsmaterial verfügt die Probenbank Mün-

Tabelle 1. Eingelagerte Gewebe aus Obduktionsmaterial

A) *Innere Organe*
  1. Leber
  2. Niere
  3. Milz
  4. Herzmuskel
  5. Lunge
	E) *Nervengewebe*
	  18. Kleinhirn
	  19. Großhirn – graue S.
	  20. Großhirn – weiße S.
	  21. Thalamus

B) *Glatte Muskulatur*
  6. Brust-Aorta
  7. Magen
  8. Rectum
  9. Appendix
	F) *Endokrine Organe*
	  22. Schilddrüse
	  23. Nebennieren
	  24. Hoden
	  25. Ovarien

C) *Quergestreifte Muskulatur* 10. Halsmuskel	G) 26. Fettgewebe (Mesenterialfett)

D) *Hartgewebe*
  11. Knochen – Oberschenkel
  12. Knochen – Wirbelkörper
  13. Knochen – Sternum
  14. Knochen – Femur
  15. Kopfhaare
  16. Schamhaare
  17. Fußnägel
	H) 27. Faszie – Ligament (Lendenwirbelsäule)
	
	I) *Knochenmark*
	  28. Sternum
	  29. Femur
	
	K) 30. Vollblut
	
	L) 31. Plazenta

ster per 31.12.1984 über ca. 8 500 Einzelproben aus bis zu 31 verschiedenen Gewebetypen (Tabelle 1), differenziert nach Geschlecht, Alter und Vorerkrankung.

Die während der Pilotphase – in Absprache mit den übrigen Forschungsteilnehmern des Gesamtprojektes – ausgewählten Human-Organe – Leber, Fettgewebe, Vollblut – standen in verschiedenen Aliquotierungen allen beteiligten Forschungsgruppen zur Verfügung. Von diesen im Rahmen der Zweckbestimmung des Pilotprojektes in festgelegten Zeitabschnitten (6 Monate) reevaluierten Teilproben sind per 31.12.1984 noch ca. 450 in der Probenbank eingelagert.

5 Gewinnung von Human-Organproben – „Verfügbare" Proben vom Lebenden

Im Abschnitt "Real Time Monitoring" (RTM) innerhalb der Umweltprobenbank für Human-Organproben konnte gezeigt werden, daß aus der Bewertung der Einzelergebnisse wesentliche Informationen zu den in den Punkten 2, 3, 4 und 7 der Zweckbestimmung der Umweltprobenbank genannten Teilaspekten gewonnen werden:

a) Kurzzeit-Trendanalyse
b) Aufstellung von Referenzbereichen („Normwerte")
c) Korrelation der Schadstoffkonzentration mit Daten aus der Individualvorgeschichte
d) „Verfügbare" Organe als Indikatoren für akute oder chronische Umweltbelastungen.

Insgesamt stehen im RTM-Teilprogramm die in Tabelle 2 genannten Gewebe bzw. Körperflüssigkeiten für die Einlagerung zur Verfügung.

Tabelle 2. „Verfügbare" Proben vom Lebenden

Keratingewebe			*Gewebe*		
1. Kopfhaar (Segmente)	KH		17. Fettgewebe	FE	
2. Achselhaar	AH		18. Placenta	PAC	
3. Schamhaar	SH		19. Leber	LE	
4. Finger-/Zehennägel	NA		20. Muskel (quergestr.)	MU	
5. *Zähne*	ZA		21. Herzmuskel	HE	
			22. Zentralnervensystem	GE	
Körperflüssigkeiten			23. Schleimhaut	SC	
6. Vollblut	VB		Magen-Darm		
7. Blutplasma	PL		24. Knochengewebe	KNO	
8. Blutserum	SER				
9. Cerebrospinalflüssigkeit	LIQ				
Excreta					
10. Spontanurin	SPU				
11. 24-h-Sammelurin	SAU				
12. Frauenmilch	FMI				
13. Speichel	SAL				
14. Schweiß	SW				
15. Faeces	FAE				
16. Seminalplasma	SEM				

Tabelle 3. RTM – Übersicht bis *Ende 84*

Nr.	Zeitraum	Probenart	Anzahl der Probanden	Kollektiv-charakteristik
01	02/1977	KH/VB/PL	100	Referenz 1
02	12/1977	KH/VB/PL/SPU	120	Referenz 2
03	12/1977	KH/VB/PL/SAU	120	Referenz 3
04	06–07/1978	VB/SAU/FE	17	Abmager.pat.
05	06/1979	KH/VB/PL	118	Winzer
06	1980	FE	50	Referenz OCP
07	12/1979	KH/VB/PL/SAL/SAU	335	Zementarbeiter
08	12/1980	KH/VB/PL/SAL/SAU	60	Zementarbeiter
09[a]	ab 12/1979	SEM	3	Referenz SEM
12	02/1981	KH/VB/PL	15	Referenz
13	05/1981	KH/VB/PL/SAU	12	F-Exponierte
14	06/1981	KH/AH/SH/VB/PL/SAU/SAL	95	Referenz 4
15[a]	ab 06/1981	FMI/KH/SPU	50	Referenz FMI
16	08/1982	KH/VB/PL/FAE/SW/SAU	6	1000-km-Lauf
17	12/1982	KH/AH/SH/VB/PL/SAL/SAU	120	Referenz 5
18	10–12/1981	PL	200	Niereninsuff.
19[a]	ab 12/1981	PL/KH/KNO	50	Niereninsuff.
20	11/1983	KH/VB/PL/SPU	36	Zementarbeiter
21	11/1983	KH/SH/VB/PL/SAL/SAU	122	Referenz 6
22	09–12/1984	VB/PL/LE	48	Lebererkrank.
23	12/1984	KH/SH/VB/PL/SAL/SAU	150	Referenz 7
24	09–12/1984	VB/PL/HE	40	Referenz HE

[a] Laufende Programme.

Aus dem RTM-Programm sind eingelagert (Stand 31.12.1984): ca. 122 000 Einzel-(Teil-)Proben. Die eingelagerten Proben verteilen sich auf:

1. Kollektive mit überschaubarer, bekannter Individualvorgeschichte (Tabelle 3).

Dabei handelt es sich sowohl um „Norm"-Kollektive mit vergleichbaren Randbedingungen (Altersverteilung/„durchschnittliche" Schadstoff-Belastung etc.) (Termine RTM 01, 03, 14, 17, 21, 23) als auch um Kollektive mit bekannter spezifischer Belastung (z. B. RTM 07, 08, 20: Mitarbeiter eines Zement-produzierenden Industriebetriebes; RTM 05: Einwohner eines Dorfes in einem Weinbaugebiet).

In einigen Spezialprogrammen, die sich vornehmlich auf die Bestimmung der Organochlorpestizide in menschlichem Fettgewebe und Blut bezogen, konnten Untersuchungen zum Verhalten persistierender Schadstoffe unter den Bedingungen einer Gewichtsabnahme durchgeführt werden.

Die im laufenden (am 31. 12. 1984 nicht beendeten) Programm 19 in Zusammenarbeit mit anderen Instituten und Kliniken, nicht nur der Westfälischen Wilhelms-Universität, eingelagerten Proben lieferten bereits Aussagen zum Verhalten des Spurenelementstatus bei chronischer Niereninsuffizienz. Hierbei steht die Frage nach der Rolle einer pathologischen Aluminiumanreicherung als mögliche Ursache der Dialyseenzephalopathie im Vordergrund.

Das Programm 22 umfaßt Untersuchungen zum Fremdstoffgehalt in Leberbiopsie-Proben bei unterschiedlicher pathologischer Leberzellveränderung.

Im ebenfalls kontinuierlich weitergeführten Teilprogramm RTM 15 werden Daten insbesondere zum Organochlorpestizid-, Cadmium- und Blei-Gehalt in Frauenmilch gesammelt, um gerade auf diesem Teilgebiet der Human-Proben zu einer Versachlichung der Diskussion beizutragen.

2. In der RTM-Probenzahl enthalten sind ca. 82 000 (Stand 31.12.1984) Blutplasmaproben, die durch Zusammenarbeit mit anderen klinischen Stellen eingelagert wurden. Bei vollständig bekannter Personenvorgeschichte werden hier Reevaluierungen klinisch-chemischer Parameter, insbesondere der Enzymaktivität bei akuten lebensbedrohlichen Herzerkrankungen durchgeführt.

6 Probencharakterisierung

Die notwendige Charakteristik der Probe ist nur über eine genaue Feststellung der anamnestischen Daten möglich. Von Vorteil ist in diesem Zusammenhang allerdings und entspricht der hier greifenden „ärztlichen Schweigepflicht", daß über die dem Umweltprobenbank-Projekt angeschlossene Datenbank (Münster) eine Codierung der Einzelprobe in solchem Umfang möglich ist, daß keinerlei Datenschutzverletzung resultiert.

Für das Real Time Monitoring-Teilprogramm wurden codierte Erhebungsbögen entwickelt, die nicht nur der genauen Charakterisierung der eingelagerten Probe dienen, sondern auch eine deskriptive Statistik der ermittelten Konzentrationen sowie Korrelationen ermöglichen. Beispiele sind in Lit. 14 enthalten.

7 Analytik

1. *Analysierte Einzelstoffe in Humanproben der Umweltprobenbank Münster*

a) Akzidentelle Spurenelemente: Blei, Arsen, Thallium, Cadmium, Quecksilber, Silber, Antimon, Zinn, Aluminium

b) Essentielle Spurenelemente: Kupfer, Zink, Eisen, Mangan, Chrom, Selen, Nickel, Vanadium

c) Bulkelemente: Calcium, Magnesium, Kalium, Natrium, Chlorid, Phosphat

d) Organochlorpestizide: p,p'-DDT; o,p'-DDT; p,p'-DDE; p,p'-DDD; alpha-HCH; beta-HCH; gamma-HCH; Dieldrin; Hexachlorbenzol; Heptachlorepoxid; Pentachlorphenol

e) Physiologische organische Komponenten:
Urin: Gesamteiweiß, Creatinin
Blutplasma: Glucose, Harnsäure, Cholesterin, Triglyceride, Gesamteiweiß, Alk. Phosphatase, Lactat-Dehydrogenase (LDH), Serum-Glutamat-Oxalat-Transaminase (SGOT), Serum-Glutamat-Pyruvat-Transaminase (SGPT), gamma-Glutamyl-Transpeptidase (γ-GT)
Vollblut: Verhältnis Erythrozyten-/Plasmavolumen (Haematokrit)

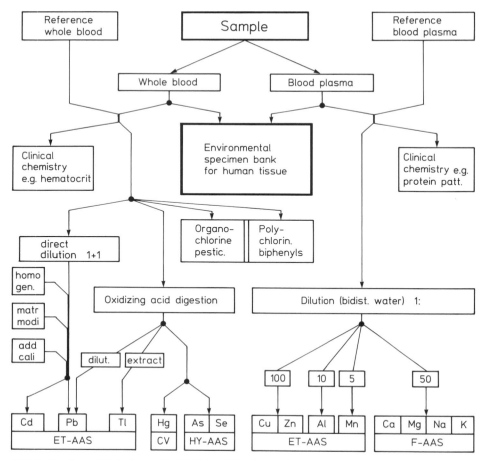

Abb. 3. Analysen-Fließschema für Vollblut-/Blutplasma-Proben

2. *Verfahren*

a) Organische Analytik

Kapillargaschromatographie mit Säulen unterschiedlicher Belegung (OV 1, OV 101, SE 30/52, SE 54, DB 1, DB 5) aus Glas oder Fused Silica nach säulenchromatographischer Extraktion der OCPs mit Natriumsulfat/Florisil. Quantifizierung mit interner Standardmethode, Bezug: 2,4,6,2′,4′,6′-Hexachlorobiphenyl.

Die in gesonderten Fällen notwendige Charakterisierung und Identifizierung der fraglichen Inhaltsstoffe bzw. Verifizierung der GC/ECD-Resultate wurde mit gaschromatographisch-massenspektrometrischer Methodik erreicht.

System: Rechnergesteuerte GC/MS-Kopplung Finnigan 4515, INCOS-Datensystem, NOVA/4 mit CDC/CMD-Drive.

Zuordnung der GC-Peaks nach Retentionszeit und durch Reconstructed-Single-Ion-Detection (RSID), Identifizierung und Charakterisierung durch vollstän-

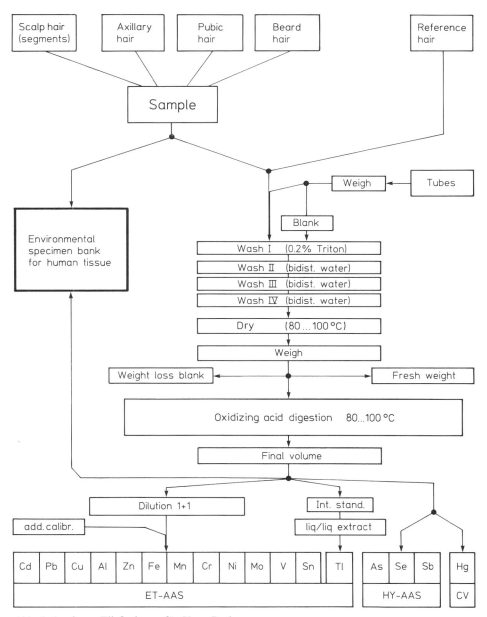

Abb. 4. Analysen-Fließschema für Haar-Proben

dige Massenspektren, Quantifizierung durch AUTO QUAN-Programm der rekonstruierten SID-Signale gegen externe Standards. Im allgemeinen ist die Identifizierung aus dem Total-Ion-Display möglich, nur bei sehr geringen Konzentrationen sind – unter Verlust von Gesamtinformationen – „echte" Multiple-Ion-Detection-Verfahren erforderlich (Abb. 5 bis 8).

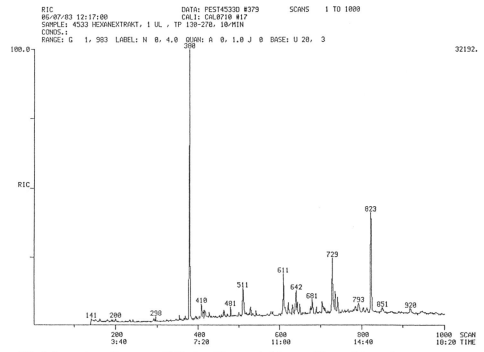

Abb. 5. Ionenstromdiagramm (GC) eines Hexanextraktes von Humanfettgewebe

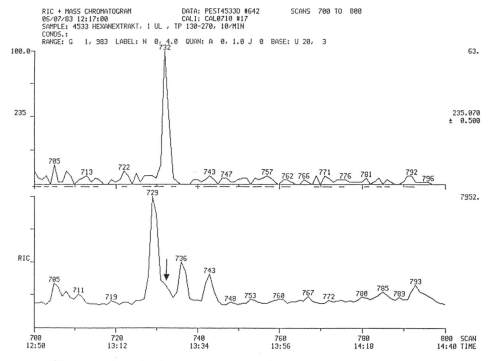

Abb. 6. Massenspektrometrische Zuordnung nicht erkennbarer GC-Peaks

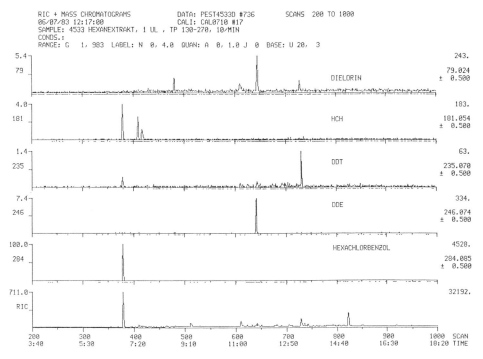

Abb. 7. GC-Search Reconstructed-Single-Ion-Detection (Dieldrin, HCH, DDT, DDE, HCB)

b) Anorganische Analytik

Spurenelemente: Elektrothermale Atomabsorptionsspektroskopie mit Deuterium- bzw. Zeeman-Untergrundkorrektur sowie Matrixmodifikation.
Bulkelemente: Flammen-Atomabsorptionsspektroskopie.
Quecksilber: Kaltdampf-Atomabsorptionsspektroskopie (Natriumborhydrid-Reduktion).
Probenvorbereitung: A) Oxidativer Naßaufschluß mit Salpetersäure. B) Direktmessung. C) Extraktion nach Komplexierung mit Ammoniumpyrrolidincarbamat mit Methylisobutylketon (z. B. Tl im Urin) (Abb. 3 und 4).

8 Darstellung der Ergebnisse

Zur Anwendung für die deskriptive Statistik wurden die Angaben in den Erhebungsbögen bzw. die anamnestischen Daten in eine numerisch-analoge Form gebracht und z. T. zusammen mit den individuellen Einzelergebnissen über Ablochbelege auf Lochkarten übertragen.

Die analytischen Daten der Teilproben wurden dem ebenfalls an der Universität Münster integrierten Betriebsteil der Datenbank des Gesamtforschungsprogramms übermittelt.

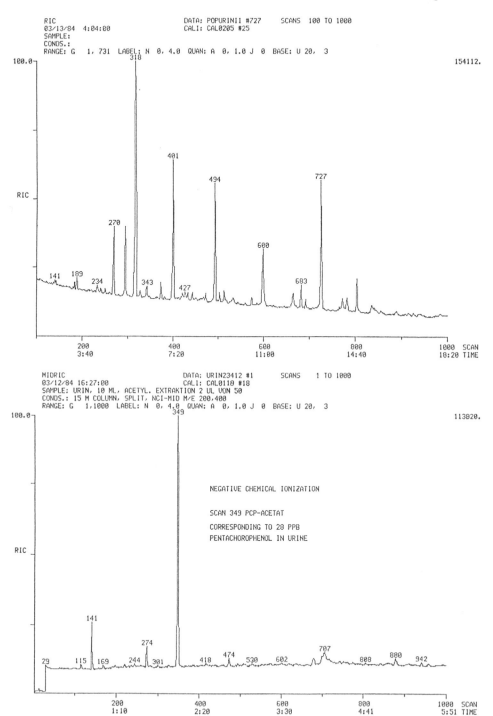

Abb. 8. Electron-Impact-(EI-) (*oben*) und Negative-Chemical-Ionization-(NCI-)Ionenstromdiagramm (*unten*) von Pentachlorphenolacetat in Urin

Tabelle 4. OCP-Gehalte im Vollblut

Kollektiv	n	Bereich (µg/l)	Median (µg/l)	Mittelwert (µg/l)
1. p,p'-DDT				
RTM 17	125	0,01–0,70	0,18	0,22
RTM 21	87	0,02–1,26	0,16	0,18
RTM 05	122	0,04–4,70	0,53	0,84
2. p,p'-DDE				
RTM 17	125	0,67–15,3	2,44	2,87
RTM 21	105	0,53–18,7	2,08	2,22
RTM 05	122	1,48–44,5	7,69	11,0
3. Dieldrin				
RTM 17	125	0,02–0,93	0,09	0,10
RTM 21	103	0,02–0,18	0,08	0,09
RTM 05	122	0,02–1,19	0,21	0,27
4. Hexachlorbenzol				
RTM 17	125	0,94–16,3	3,55	4,06
RTM 21	105	0,46– 8,31	2,00	2,43
RTM 05	122	0,86–29,6	7,34	8,49

Bei der statistischen Auswertung der analytischen Daten wurden vorrangig *Median*- und *Perzentil*-Daten berechnet. Aus dem so ständig erweiterten Datenpool lassen sich Richtwerte, Grenzkonzentrationen und Referenzbereiche auch für akzidentelle Spurenstoffe ableiten und in eine reale Bedeutung für die Praxis umsetzen.

Aus der Fülle des vorhandenen Daten- und Informationsmaterials seien im Folgenden zwei Ergebniskomplexe dargestellt:

1. *Organochlorpestizid-Gehalte in Vollblut:* Die Ergebnisse der vergleichbaren RTM-„Norm"-Kollektive 17 (1982) und 21 (1983) sind in Tabelle 4 einem Pestizid-exponierten Kollektiv (05, Einwohner eines Moselortes, vorwiegend Winzer) gegenübergestellt.

Insbesondere die Gehalte an HCB demonstrieren die höhere Belastung der in diesem Gebiet mit intensivem Weinbau lebenden Bevölkerung (Abb. 9).

Auch die p,p'-DDT- und p,p'-DDE-Ergebnisse des Kollektivs 05 tendieren zu höheren Werten als die der „Norm"-Kollektive. Demgegenüber ist bei Dieldrin keine wesentliche Verschiebung ersichtlich.

2. *Korrelation des Bleigehaltes von Vollblut und Lebergewebe:* Im Rahmen des RTM-Teilprogramms konnten von Patienten einer internistischen Klinik, bei denen aus diagnostischen Gründen Leberbiopsien notwendig waren (Differentialdiagnose Fettleber, Fettleberhepatitis, Leberzirrhose u. a.), Leber-Gewebeproben erhalten werden (RTM-Termin 22). Die gleichzeitig entnommenen Vollblut- bzw. Blutplasma-Proben erlaubten einen direkten Vergleich der Spurenelement-

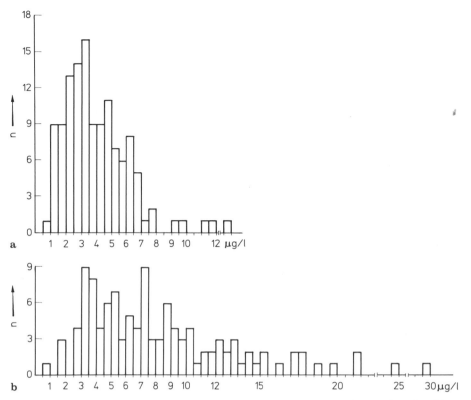

Abb. 9. Häufigkeitsverteilungen von HCB im Vollblut für die Kollektive 17(a) und 05(b)

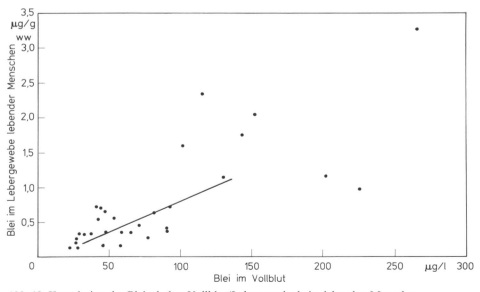

Abb. 10. Korrelation des Bleigehaltes Vollblut/Lebergewebe beim lebenden Menschen

Gehalte in beiden Matrices beim lebenden Menschen im Sinne des Punktes 7 der Zweckbestimmung der Umweltprobenbank.

Eine positive Korrelation konnte zwischen dem Blei-Gehalt im Lebergewebe und im Vollblut aufgezeigt werden, ein Hinweis auf die Indikatorfunktion des „verfügbaren" Organs Vollblut für den Blei-Gehalt innerer Organe (Abb. 10).

9 Folgerungen für eine Dauereinrichtung der Umweltprobenbank für Human-Organproben

Beim Betrieb einer Umweltprobenbank als Dauereinrichtung ergeben sich folgende Aspekte:

1. Eine Anfangsphase wird über einen Zeitraum von ca. 6–8 Jahren durchzuführen sein. Entsprechend dem Charakter von Forschungs- und Entwicklungsprojekten wird während dieser Zeit und für diesen Abschnitt eine nicht in allen Teilen terminierte Probennahme in Betracht kommen, sondern vielmehr durch den Zielgegenstand bestimmt.

2. Es ist anzustreben, für eine Langzeitlagerung Human-Probenmaterial aufzuarbeiten, das nur aus einem Organ stammt. Dies erscheint besonders bei der Organprobe Leber möglich, da hier ein solides Organ von jeweils einem Durchschnittsgewicht von etwa 1,5 kg Verwendung findet.

Als Einlagerungs-Rhythmus sollte ein Intervall von 2–3 Jahren vorgesehen werden. Möglich erscheint, daß unter der Voraussetzung einer Einlagerung von Human-Organproben aus vergleichbaren Spenderkollektiven später ein Rhythmus von etwa 5 Jahren ausreicht, um bestimmte Schadstoff-Trends zu erkennen. Im Zusammenhang mit der ohnehin beim Betrieb einer Umweltprobenbank notwendigen ständigen Beobachtung und Bewertung der laufend gewonnenen Zwischenergebnisse wird gerade dieser Punkt Gegenstand von Beratungen in einem „Wissenschaftlichen Beirat" sein müssen.

3. Innerhalb des Abschnitts „Probengewinnungsrhythmus" muß ausdrücklich auch auf die große Bedeutung eines RTM (Real Time Monitoring) als Momentaufnahme der Umwelteinflüsse auf vergleichbare Kollektive hingewiesen werden.

Aus den Untersuchungsergebnissen und den Erfahrungen während der Pilot-Phase werden als Human-Organ-Probenarten für eine Umweltprobenbank empfohlen (Reihenfolge entspricht der Priorität):

1. Schwerpunkt *anorganische* Inhaltsstoffe:
   Leber
   Knochen
   Placenta
   Niere
2. Schwerpunkt *organische* Inhaltsstoffe:
   Fett
   Blut
   Placenta
   Frauenmilch

Eine Begründung für die gewählten Prioritäten ergibt sich sowohl aus dem derzeitigen toxikologischen Wissen, insbesondere aber auch aus den analytischen Erfahrungen, die während des Pilot-Projektes „Umweltprobenbank" gewonnen wurden. So hat das Organ Niere eine bewußt niedrige Priorität, da u. a. hier nachgewiesen werden konnte, daß Gehalte von Umwelt(schad)stoffen in der Niere äußerst unterschiedlich sein können; dies hängt mit den anatomischen und funktionellen Gegebenheiten zusammen.

In der für Human-Organproben abgegebenen Empfehlungsliste wurden Placenta und Frauenmilch als „Mittelzeitindikatoren" aufgenommen, während eigentliche „Langzeitindikatoren" nur Leber, Fettgewebe und Knochen sind.

Die Verwendung von Human-Organproben in einer Umweltprobenbank ist unerläßlich als „Spiegel" der Reflexion von Umwelteinflüssen auf den Menschen. Der Vorteil von Human-Proben liegt auch darin, daß nicht nur über ihr Herkommen, sondern auch über die historischen Belastungen genaue Angaben möglich sind.

Literatur

1. Bertram HP (1980) Environmental contamination by thallium in the emission area of a cement factory. Human exposure in comparison with acute Tl intoxications. N Schm Arch Pharmacol Suppl to 311:R22
2. Bertram HP (1981) Aluminiumbestimmung in Körperflüssigkeiten. Nieren- und Hochdruckkrankheiten 10(5):188–191
3. Bertram HP (1983) Analytik von Spurenelementen. In: Zumkley H (Hrsg) Spurenelemente. Thieme, Stuttgart New York, S 1–11
4. Bertram HP (1984) Klinisch-praktische Aspekte der Zinkbestimmung in Human-Proben. In: Zumkley H (Hrsg) Spurenelemente in der Inneren Medizin unter besonderer Berücksichtigung von Zink. Innovations-Verlags-Gesellschaft, Seeheim-Jugenheim, S 15–21
5. Bertram HP, Kemper FH (1977) Halogenierte Kohlenwasserstoffe in der Umwelt. Dtsch Ärzteblatt 74:157–163
6. Bertram HP, Kemper FH (1980) Magnesium- und Calciumverteilung in Humanorganen – Pathophysiologische Abhängigkeiten. Magnesium-Bull 2:26–31
7. Bertram HP, Kemper FH (1983) Thallium – Toxikologie und Ökotoxikologie. In: Ullmanns Encyklopädie der technischen Chemie, Band 23, 4. Aufl. Verlag Chemie, Weinheim, S 110–114
8. Bertram HP, Kemper FH, Zenzen C (1983) Vorkommen von HCH-Isomeren im Menschen. DFG (Hrsg) Hexachlorcyclohexan als Schadstoff in Lebensmitteln. Materialien aus zwei Kolloquien der Senatskommission zur Prüfung von Rückständen in Lebensmitteln am 28./29.11.79 und 6.3.80. Verlag Chemie, Weinheim
9. Bertram HP, Robbers J, Schmidt R (1984) Multielementanalyse mit ET-AAS im Rahmen der Umweltprobenbank Münster. Fresenius Z Anal Chem 317:462–467
10. Bertram HP, Zenzen C (1978) Halogenierte organische verbindungen und toxikologisch bedeutsame Schwermetalle in der Umwelt. Österreichisches Forum für Umweltschutz und Umweltgestaltung, Publ 16, Altmünster, S 23–60
11. Eckard R (1979) Non-halogenated organic compounds in aquatic and terrestrial ecosystems. In: Lüpke NP (ed) Monitoring environmental materials and specimen banking. Proceedings of the International Workshop, Berlin (West) 1978. Martinus Nijhoff Publishers, The Hague Boston London, pp 211–229
12. Kemper FH (1979) Experiences in monitoring and banking human biological specimen. In: Lüpke NP (ed) Monitoring environmental materials and specimen banking. Proceedings of the International Workshop, Berlin (West) 1978. Martinus Nijhoff Publishers, The Hague Boston London, pp 342–353

13. Kemper FH, Bertram HP (1984) Thallium. In: Merian E (Hrsg) Metalle in der Umwelt – Verteilung, Analytik und biologische Relevanz. Verlag Chemie, Weinheim, S 571–583
14. Kemper FH, Bertram HP, Eckard R, Müller C (1986) Monitoring und Lagerung von Human-Organproben – Umweltprobenbank. Bundesminister für Forschung und Technologie, Forschungsbericht T 86-039, Bonn
15. Kemper FH, Bertram HP, Zenzen C (1981) Cadmium-Belastung in der Umwelt – Chronische organspezifische Toxizität halogenierter Kohlenwasserstoffe. Forschungsbericht UGB 0001. In: Umweltbundesamt (Hrsg) Umweltprobenbank, Band I, Teil 2, Berlin, S 193–253
16. Kemper FH, Lüpke NP (1984) General aspects of monitoring and banking of human biological specimens. In: Lewis RA, Stein N, Lewis CW (eds) Environmental specimen banking and monitoring as related to banking. Proceedings of the International Workshop, Saarbrücken 1982. Martinus Nijhoff Publishers, Boston The Hague Dordrecht Lancaster, pp 67–73
17. Spieker C, Zumkley H, Kisters K, Husen N van, Lohmann J, Bertram HP, Lison AE, Fromme HG (1984) Aluminiumkonzentrationen in der Magenschleimhaut bei chronischer Niereninsuffizienz. Verhandl d Dt Ges f Inn Med 90:1338–1342
18. Zumkley H, Bertram HP, Lison AE, Zidek W, Thiem P (1984) Influence of smoking habits on cadmium concentrations in hypertensives. Trace elements in medicine 1(2):91–92
19. Zumkley H, Bertram HP, Vetter H, Zidek W (1981) Zink- und Magnesiumkonzentrationen im Plasma beim akuten Herzinfarkt. In: Staib I (Hrsg) Spurenelemente: Bedeutung für Chirurgie, Anästhesiologie und Intensivmedizin. Schattauer Verlag, Stuttgart New York, S 115–125
20. Zumkley H, Schmidt PF, Bertram HP, Lison AE, Winterberg B, Spieker C, Losse H, Barckhaus R (1984) Aluminium concentrations of bone cells in dialysis osteomalacia. Trace elements in medicine 1(3):103–106

III

Zusammenfassende Beurteilung zum
Pilotprojekt „Umweltprobenbank"

Sachstand
Schlußfolgerungen
Empfehlungen

Zusammenfassende Beurteilung zum Pilotprojekt „Umweltprobenbank" Sachstand, Schlußfolgerungen, Empfehlungen

N.-P. Lüpke

Inhalt

1 Pilotprojekt

1.1 Aufgabenstellung für das Pilotprojekt

Als besondere Zielsetzung für das Pilotprojekt einer Umweltprobenbank in der Bundesrepublik Deutschland und dessen Beurteilung war anzusehen, ob ein solches Projekt *technisch* überhaupt durchführbar ist; demzufolge mußten in der Pilotphase ökosystemare Gesichtspunkte hinter den in diesem Fall wichtigeren physikalisch-technischen und chemisch-analytischen Fragestellungen zurückstehen.

Zur Bearbeitung der verschiedenen Fragestellungen erfolgte eine Auswahl von Forschergruppen. An insgesamt 12 Forschungsnehmergruppen ergingen nach einer Ausschreibung durch den Bundesminister für Forschung und Technologie (BMFT) und den Bundesminister des Inneren (BMI) entsprechende Aufträge zur Bearbeitung bestimmter, unten aufgeführter Fragestellungen.

Dem Projektträger Umweltbundesamt (UBA) oblagen in ständiger Abstimmung mit den genannten Bundesministerien in dieser Pilotphase folgende Aufgaben:

- fachliche Beurteilung, Begleitung und Kontrolle der Vorhaben
- administrative Kontrolle und Abwicklung der Projekte
- Bereitstellung und Verwaltung der Mittel
- Koordination der Einzelvorhaben untereinander
- Koordination der Zwischen- und Abschlußberichte
- Organisation von Arbeitsbesprechungen und Statusseminaren
- Kontakt zu entsprechenden internationalen Vorhaben
- Abstimmung mit nationalen und internationalen Monitoring-Vorhaben
- Koordination des Berichtswesens
- Einfließen der Ergebnisse in das Informationssystem zur Umweltplanung (UMPLIS)
- Erarbeitung von Empfehlungen für die Bundesregierung zur Errichtung von Umweltprobenbanken.

Innerhalb der Pilotphase wurden von den 12 Forschungs-Partnern (FP) verschiedene Aufgaben wahrgenommen, die im folgenden blockartig gelistet sind:

Aufgabenverteilung innerhalb der Pilotphase Umweltprobenbank (die Aufgaben-Code-Buchstaben korrelieren zu den entsprechenden Fragenkomplexen in den Frage- und Antwortkatalogen, ohne Berücksichtigung begleitender Probencharakterisierungsmaßnahmen).

FP-Code[a]	Auf-gaben-Code		
01	S	Probennahme:	Klärschlamm
	C	Probenaufbereitung:	Klärschlamm
	B	Satellitbank (SB):	Klärschlamm
	A	Analytik (AC):	Organische Schadstoffe (PAH, NPAH)
	O	Andere Aufgaben:	Sammelsysteme für Luftproben
02	S	Probennahme:	Wiesenlieschgras (*Phleum pratense*), vielblütiges Weidelgras (*Lolium multiflorum*), Weizen, Boden
	C	Probenaufbereitung:	Siehe S
	B	Satellitbank (SB):	Siehe S
	A	Analytik (AC):	Organische Stoffe Chlorkohlenwasserstoffe Phosphorsäureester Chlorphenole
03	A	Analytik (AA):	Anorganische Schadstoffe (Gewebeverteilung)
04	S	Probennahme:	Boden
	C	Probenaufbereitung:	Boden
05	S	Probennahme:	Blasentang (*Fucus vesiculosus*), Humanharn
	C	Probenaufbereitung:	Regenwurm (*Lumbricus terrestris*), Goldlaufkäfer (*Carabus auratus*), Wiesenlischgras (*Phleum pratense*), vielblütiges Weidelgras (*Lolium multiflorum*), Pyramidenpappelblätter (*Populus nigra* 'Italica'),

FP-Code[a]	Auf-gaben-Code		
	B	Probenbank (PB):	Karpfen (*Cyprinus carpio*), Dreikantmuschel (*Dreissena polymorpha*), Blasentang (*Fucus vesiculosus*), Humanharn Siehe C Weizen Boden Kuhmilch Klärschlamm SB für Humanproben
	A	Analytik (AA, AB, AC):	Anorganische Schadstoffe Organische Physiologika Organische Schadstoffe (PAH, „Hormone")
	T	Transport/ Organisation	
	O	Andere Aufgaben:	Referenzmaterialien
06	S	Probennahme:	Kuhmilch
	C	Probenaufbereitung:	Kuhmilch
	B	Satellitbank (SB):	Kuhmilch
	A	Analytik (AA, AB, AC)	Anorganische Schadstoffe Organische Physiologika Organische Schadstoffe
07	O	Andere Aufgaben:	Regional-repräsentative Bodenauswahl
08	D	Dokumentation:	Datenbankerrichtung
09	S	Probennahme:	Humanproben (Blut, Fett, Leber)
	C	Probenaufbereitung:	Humanproben (Blut, Fett, Leber)
	B	Probenbank (PB):	Humanproben (Blut, Fett, Leber)
	A	Analytik (AA, AB, AC)	Anorganische Schadstoffe Anorganische Physiologika Organische Schadstoffe
	D	Dokumentation:	Koordinierung
	T	Transport:	Entnahmeort-Probenbank
	O	Andere Aufgaben:	Begleitende Probencharakterisierung
10	A	Analytik (AC):	Organische Schadstoffe
11	S	Probennahme:	Pyramidenpappelblätter (*Populus nigra* 'Italica') Regenwurm (*Lumbricus terrestris*) Goldlaufkäfer (*Carabus auratus*) Dreikantmuschel (*Dreissena polymorpha*)
	C	Probenaufbereitung:	Siehe S
	D	Dokumentation:	Datenblatterstellung
	O	Andere Aufgaben:	Probencharakterisierung
12	S	Probennahme:	Karpfen (*Cyprinus carpio*)
	C	Probenaufbereitung:	Karpfen (*Cyprinus carpio*)
	A	Analytik (AC):	Organische Schadstoffe
	O	Andere Aufgaben:	Homogenisierungsverfahren

[a] FP-Code in alphabetischer Reihenfolge der Forschungsorte siehe S. 136.

FP-Code in alphabetischer Reihenfolge der Forschungsorte:

01 Biochemisches Institut für Umweltcarcinogene, Ahrensburg
02 Biologische Bundesanstalt für Land- und Forstwirtschaft, Berlin
03 Ruhr-Universität Bochum
04 Niedersächsisches Landesamt für Bodenforschung, Hannover
05 Kernforschungsanlage Jülich
06 Bundesanstalt für Milchforschung, Kiel
07 Christian Albrechts-Universität, Kiel
08 Westfälische Wilhelms-Universität, Münster
09 Westfälische Wilhelms-Universität, Münster
10 Gesellschaft für Strahlen- und Umweltforschung mbH München, Neuherberg
11 Universität des Saarlandes, Saarbrücken
12 Universität Ulm
S   „Sampling", Probennahme
C   „Clean up", Probenaufbereitung
B   „Banking", Lagerung
    SB Satellitbank
    PB Probenbank
A   „Analytics", Analytik
    AA anorganische Schadstoffe
    AB physiologische Inhaltsstoffe
    AC organische Schadstoffe
T   „Transports", Transport-Organisation
D   „Documentation", Dokumentation
O   „others", andere Aufgaben

Die Abb. 1 gibt einen tabellarischen Überblick der einzelnen Aufgaben, aus der die teils zentralisierte, teils dezentralisierte Verteilung während der Pilotphase hervorgeht. Die jeweils vorhandenen Lagerungsmöglichkeiten bei verschiedenen Hauptbedingungen sind in der Abb. 2 skizziert. Die personelle Ausstattung der Einzelprojekte während der Pilotphase ist in der Abbildung 3 dargestellt.

	S	C	PB	SB	AA	AB	AC	T	D	O
01	+	+		+			+			+
02	+	+		+			+			
03					+					
04	+	+								
05	+	+	+		+	+	+	+		+
06	+	+		+	+	+	+			
07									+	+
08									+	
09	+	+	+		+	+	+	+	+	+
10							+			
11	+	+							+	+
12	+	+					+			+
12	8	8	2	3	4	3	7	2	4	6

Abb. 1. Tabellarischer Überblick der Aufgabenverteilung

	m³/mind. − 140 °C	m³/ − 85 °C
01	−	0,33
02	0,1	0,9
03	−	−
04	−	−
05	20,4 (netto 3,0)	0,6
06	0,35	−
07	−	−
08	−	−
09	1,9	34,0 (netto 13,0)
10	0,96	0,3
11	0,48	0,29
12	0,1	−

Abb. 2. Lagerungskapazitäten der einzelnen Forschungspartner

	Wiss. Mitarbeiter	Techn. Mitarbeiter
01	1	2
02	1	1
03	2	−
04	3	1
05	5	20
06	3	2
07	1	2
08	2	1
09	1	2,5
10	2	2
11	1	1
12	1	1
Summe	23	35,5

Abb. 3. Tabellarische Übersicht der Personalkapazität

1.2 Durchführung des Pilotprojektes

1.2.1 Technische Durchführung

1.2.1.1 Probennahme

Die Auswahl geeigneter Probenarten für Monitoring und Langzeitlagerungsprojekte wurde intensiv vorbereitet durch drei internationale Workshops: "The use
of biological specimens for the assessment of human exposure to environmental
pollutants" im April 1977 in Luxemburg (Berlin, Wolff u. Hasegawa 1979),
"Monitoring environmental materials and specimen banking" im Oktober 1978
in Berlin (Lüpke 1979) und "Environmental specimen banking and monitoring as
related to banking" im Mai 1982 in Saarbrücken (Lewis, Stein u. Lewis 1984)

sowie zusätzliche Gutachten und Vorstudien zur Einrichtung einer Pilot-
probenbank in der Bundesrepublik Deutschland (s. Umweltprobenbank Bd. I,
1 u. 2).

In diesen Vorstudien und begleitenden Probencharakterisierungs-Untersu-
chungen während der Pilotphase Umweltprobenbank wurden insgesamt 129 Matrices aus den verschiedenen Umweltbereichen auf verschiedene Einzelaspekte
ihrer Eignung untersucht (s. Abschn. 1.2.3).

Aus einer Liste von 42 Probenarten, gegliedert nach Humanbereich, aquatischem Bereich und terrestrischem Bereich, die dann für eine Einlagerung in der Pilotphase zur Diskussion standen, wurden anfangs 13, später 17 unterschiedliche
Matrices ausgewählt. Diese sollten beispielhaft die Bearbeitung einer breiten
Palette potentiell auftretender Probleme im Zusammenhang mit Probennahme,
Probenvorbereitung, Homogenisation, Verpackung, Transport, Probenlagerung
und Analyse im Rahmen des Pilotprojektes ermöglichen.

Die Abb. 4 listet diese ausgewählten Probenarten auf.

Während bei Humanproben die individuelle Anamnese die begleitende
Probencharakterisierung und die toxikologisch wertende Analyseninterpretation
es ermöglichen, räumliche und zeitliche Schadstofftrends zu verfolgen, muß bei
tierischen und pflanzlichen Organismen als Umweltproben dies durch taxonomische Zuordnung, wenn möglich mit genetischer Definition von Alleltypen sowie

---

A. *Humanbereich*

Human-Leber
Human-Fett
Human-Blut
Human-Harn

B. *Terrestrischer Bereich*

Boden (2 ×)
Wiesenlieschgras (*Lolium multiflorum*)[a]
Vielblütiges Weidelgras (*Phleum pratense*)[a]
Weizen
Kuhmilch
Pyramidenpappelblätter (*Populus nigra* 'Italica')
Regenwurm (*Lumbricus terrestris*)
Goldlaufkäfer (*Carabus auratus*)[b]

C. *Aquatischer Bereich*

Karpfen (*Cyprinus carpio*)
Blasentang (*Fucus vesiculosus*)
Dreikantmuschel (*Dreissena polymorpha*)
Klärschlamm

Abb. 4. Für das Pilotprojekt Umweltprobenbank ausgewählte Proben
[a] Kann nach DIN auch als atmosphärischer Integrator dienen.
[b] Wurde während des Pilotprojektes aus Artenschutzgründen als Probenart aufgegeben.

durch ökologische, räumliche, zeitliche und technische Standardisierung der Probennahme erfolgen.

Streuungen in Analysenergebnissen von Pflanzen und Tieren als Umweltproben sind, neben spezifischen Eigenheiten der Individuen (z. B. genetischer Typ, Mikrostandort und individueller "Lebenslauf"), hauptsächlich von folgenden Faktoren abhängig:

- Zeitpunkt der Probennahme (Jahreszeit, Phänologie, Witterung, Phase im Reproduktionszyklus);
- Geschlechts- und Alterszusammensetzung der Population;
- Selektion von Individuen mit spezifischen Eigenschaften (z. B. Größe, Farbe, Aktivität oder andere Verhaltensmerkmale) aus der Gesamtpopulation in Abhängigkeit von der Probennahme-Methode;
- Anzahl der gesammelten Individuen (Stichprobengröße).

Durch eine taxonomische und ökologische Probencharakterisierung wird daher angestrebt, die Einflüsse dieser Faktoren auf die Zusammensetzung der Proben zu minimieren bzw. konstant zu halten, zugleich aber auch die Wiederholbarkeit der Probennahme und die zeitliche und räumliche Vergleichbarkeit der Proben zu sichern.

Eine wichtige Voraussetzung für die Probenauswahl ist ihre Repräsentativität für den Entnahme-Standort (Rasterfläche) und das betroffene Ökosystem-Kompartiment (Population, Art, trophische Ebene).

Diese Ziele sind durch folgende Maßnahmen erreicht worden:

1. Sorgfältige Auswahl der Probenarten und Probennahme-Standorte nach ökologischen und geographischen Gesichtspunkten;
2. Standardisierung der Probennahme;
3. Erfassung sämtlicher für die Beschreibung der Probe und Interpretation der Ergebnisse notwendigen Daten.

Zusätzlich waren notwendig:

4. Vorausschauende Organisation und Festlegung der weiteren Probenbehandlung (Transport, Zwischenlagerung, Homogenisation, Verpackung und Einlagerung) und
5. detaillierte Protokollierung des gesamten Ablaufs der Probennahme und Probenbehandlung bis zur Analyse.

Dies bedeutet mit anderen Worten:

a) Probendefinition
b) technische Beschreibung der Probennahme
c) Probenstandort-Charakterisierung
d) Erstellung von Proben-Datenblättern und -protokollen.

Zu allen 17 im Pilotprojekt Umweltprobenbank eingelagerten Matrices liegen entsprechende Daten vor, so daß unter diesen Gesichtspunkten die Proben als ausreichend charakterisiert angesehen werden können.

Diese vorgenommenen Standardisierungen gelten auch für die Probennahmegeräte, z. B. den Bohrstock zur Entnahme von Bodenproben nach DIN 19671.

Zusammenfassend kann festgestellt werden, daß hinsichtlich des Teilgebietes "Probennahme" befriedigende Ergebnisse aus dem Pilotprojekt Umweltprobenbank vorliegen.

Obwohl in der Pilotphase chemische, physikalische und technologische Aspekte die höhere Priorität besaßen, wurden bereits zu allen eingelagerten Matrices auch entsprechende ökosystemare Charakterisierungs-Gesichtspunkte berücksichtigt; ferner wurden auch für weitere Probenarten die Grundlagen entsprechender Probendefinitionen entwickelt.

1.2.1.2 Probenaufbereitung

Unter der Überschrift „Probenaufbereitung" sind vor allem die Teilaspekte

– Homogenisation und Aliquotieren
– Abkühlung und Auftauen

sowie die Problematik

– sekundäre Kontamination
– Erhaltung der Probenintegrität

zu rubrizieren.

Vorstudien und Gutachten zur Errichtung einer Pilot-Umweltprobenbank in der Bundesrepublik Deutschland sowie die o. g. internationalen Workshops zu diesem Themenkreis hatten zwar eine Reihe von Ansatzpunkten aufgezeigt, aber noch keine Problemlösungen ergeben. Dementsprechend wurden zwar für alle siebzehn, in der Pilotphase untersuchten Matrices spezifische Richtlinien zur Probennahme und Probenaufbereitung entwickelt (s. Abschn. 1.2.1.1), jedoch stellt sich das rein technische Vorgehen sehr heterogen dar. Die Zeiträume zwischen Probennahme und Zwischenlagerung differierten zwischen 3 Stunden und 5 Tagen, zwischen Probennahme und Dauerlager zwischen 3 Stunden und 4 Monaten. Die Temperaturen, denen die Proben in diesen Zeiträumen angesetzt waren, differierten zwischen Umgebungstemperatur, 4 °C, −90 °C und −140 °C. Die Behältnisse, in denen die Proben zwischen Probennahme und -aufbereitung aufbewahrt wurden, bestanden u. a. aus Polyethylen, Aluminium, Edelstahl, Glas oder PTFE. Die Präparation geschah mit Metallscheren, Metallspateln, Quarzmessern, Tantalmessern und Teflonbestecken. Diese genannten Unterschiede sind jedoch problemlos durch eine Vereinheitlichung abzustellen (s. Abschn. 2).

Von sehr viel größerer Wichtigkeit ist jedoch die Homogenisierung der Proben, da Inhomogenitäten zu falsch-positiven oder falsch-negativen Aussagen, z. B. zu Belastungstrends, führen können. Während des Pilotprojektes Umweltprobenbank wurden verschiedene Verfahren der Homogenisation resp. Zerkleinerung erprobt (vor allem Forschungspartner 05, 09 und 12). Insbesondere sind folgende Techniken, selbstverständlich alle unter Clean-bench-Bedingungen, zu erwähnen:

1. *Ultraschallhomogenisierung* von vorzerkleinertem Material. Dies Verfahren mußte aufgegeben werden, da das Problem der Wärmeabführung technisch nicht realisierbar war. Ferner sind nur kleine Probenmengen verarbeitbar.
2. *Fleischwolfverfahren.* Dieses Verfahren, das auch die Möglichkeit zum Betrieb in der Kälte bietet, hat den Nachteil, daß aufgrund des Abriebs der Stahlgeräte eine Homogenisierung nur für organische Analysenziele gegeben ist.

3. *Teflon-Cutter-Mill.* Teflonisierte Schneidmühlen, vom Forschungspartner 09 entwickelt, verhindern zwar eine sekundäre Kontamination, sind jedoch nicht tieftemperatur-geeignet.

4. *Rührverfahren.* Dieses, nur für flüssige Matrices (Milch, Humanblut) anwendbare Verfahren ist naturgemäß nicht bei Tieftemperaturen anwendbar.

5. *Zirkonoxidmahlanlage.* Diese Anlagen ermöglichen in ca. 250 ml Mahlbechern bei Tieftemperatur eine gute Homogenisierung, jedoch stellt sich Zirkonoxid als zu unrein dar, so daß es durch entsprechenden Abrieb zu einer starken Kontamination des Mahlgutes, vor allem mit seltenen Erden kommt.

Die Übersicht zeigt, daß die während des Pilotprojektes angewandten Verfahren zur Homogenisierung keinen optimalen Weg darstellen. In der letzten Zeit hat sich jedoch ein Weg gezeigt, der dieses Problem lösen könnte. Von der Fa. Klöckner-Humboldt-Deutz wird ein Gerät angeboten, das in der Lage ist, bei LN_2-Kühlung eine Feinmahlung vorzunehmen. Vorversuche mit biologischen Matrices, auch Probenarten des Pilotprojektes Umweltprobenbank, zeigten die Möglichkeit der Herstellung eines feinstvermahlenen, rieselfähigen Probenpulvers, das sich aliquotieren und abfüllen läßt. Nach Angaben des Herstellers wäre es technisch kein Problem, eine entsprechende Anlage aus kontaminationsarmen Werkstoff (z. B. Titan) herzustellen, die auch den Anforderungen des Umweltprobenbank-Projektes bezüglich Größe und Mobilität entsprechen würde.

Es sei hier bemerkt, daß im Rahmen des Pilotprojektes einer Umweltprobenbank der National Bureau of Standards (NBS)/U.S. Environmental Protection Agency (EPA) zur Probenpräparation nur Titan- und Teflonwerkzeuge verwendet werden. Die Homogenisierung geschieht dort in tiefgekühlten Teflonmühlen, die jedoch nur eine Kapazität für maximal 100 g Probengut besitzen.

Andere Verfahren einer Probenkonservierung, wie chemische Konservierung, Strahlensterilisation oder Denaturierung, haben sich als ungeeignet erwiesen. Weiterer Überprüfung bedarf das Verfahren einer Gefriertrocknung. Diese Möglichkeit ist für organische Analysenziele mit Sicherheit ungeeignet, jedoch haben Vorversuche, auch mit Rückläufermaterial des Pilotprojektes Umweltprobenbank, durch den Forschungspartner 05 gezeigt, daß für anorganische Analysen-Zielsetzungen homogenisiertes Gefriertrocknungsmaterial vorteilhaft sein kann.

Untersuchungen zum Einfluß des Temperaturgradienten beim Einfrieren und vor allem Auftauen haben zumindest bei einem Einzelbeispiel (s. Abschn. 1.2.1.4 Analytik) gezeigt, daß hierbei Veränderungen der Verbindungsform, der Struktur und Stabilität auftreten können, so daß hier weitere Untersuchungen zu einer Standardisierung notwendig sind.

Für die Aliquotierung wurden während des Pilotprojektes Umweltprobenbank Behälter mit Volumina von 0,5 ml bis 1 l verwendet. Bei einer einheitlichen Homogenisierung, z. B. nach dem oben beschriebenen Verfahren, könnten hier sicherlich Normierungen auf wenige Portionierungsgrößen stattfinden.

1.2.1.3 Lagerung

Verschiedene Gutachten und Vorstudien zur Errichtung einer Pilotumweltprobenbank in der Bundesrepublik Deutschland sowie die bereits erwähnten internationalen Workshops, die sich mit den Möglichkeiten einer Langzeitlagerung von Umweltproben beschäftigen, kamen zu dem Schluß, daß sich für derartige Langzeitprojekte am besten eine Kältelagerung von mind. −85 °C eignen würde, da andere Verfahren (z. B. Gefriertrocknung, chemische Konservierung, Strahlensterilisation o. ä.), wie auch bereits im Abschn. 1.2.1.2 dargestellt wurde, die chemische Integrität der Probe beeinträchtigen. Nach der Theorie vom Einfluß der Temperatur auf die Geschwindigkeit von chemischen Reaktionen bewirkt eine Steigerung der Temperatur um ca. 10 °C eine Zunahme der Reaktionsgeschwindigkeit um etwa den Faktor 2–3. Dies bedeutet in einer grob abschätzenden, umgekehrten Extrapolation, daß sich bei einer Lagerung bei mind. −85 °C die Reaktionsgeschwindigkeit, verglichen mit derjenigen bei Raumtemperatur, mindestens um den Faktor 2^{-10} ändert. Hinzu kommt, daß die genannte Extrapolation noch ungünstig hochgerechnet ist, berücksichtigt man nämlich noch die Tatsache, daß es bei einer Abkühlung zu einer Entropieabnahme kommt, so bewirkt dies eine zusätzliche Abnahme der Reaktionsgeschwindigkeit. Vereinfacht könnte man sagen: Eine Probe verändert sich in 50 *Jahren* bei einer Lagerung bei mind. −85 °C in derselben Größenordnung wie in 1 *Minute* bei Raumtemperatur.

Die Abb. 2 gibt eine Übersicht über die bei den Forschungspartnern vorhandenen Lagerungsbedingungen und -kapazitäten. Von besonderem Interesse sind hier die beiden Hauptbanken (PB) in Jülich (05) und Münster (09), die auf Probengefäße von einem Volumen von 20 ml umgerechnet eine Lagerkapazität von 150 000 (Jülich) bzw. 650 000 Proben (Münster) besitzen; da bei einer Dauereinrichtung einer Umweltprobenbank in der Bundesrepublik Deutschland nur diese beiden Einrichtungen genutzt werden sollten und auf Satellitbanken verzichtet werden kann, soll im folgenden eine Kurzübersicht zu diesen beiden Lagerstätten gegeben werden.

Die Probenbank in Jülich (05) verfügt in 4 Räumen über 18 Tiefkühlbehälter verschiedener Fertigung (LN_2) für mind. −150 °C und eine Tiefkühlmöglichkeit (0,6 m³) für mind. −80 °C. Die Stickstoffgefäße sind über eine Ringleitung mit einem Stickstofftank verbunden; die Nachfüllung geschieht manuell. In den Räumen herrschen Filterluftbedingungen, über den Gefäßen befindet sich eine fahrbare Laminar-flow-box, die bei Beschickung oder Auslagerung über das jeweilige Gefäß gefahren wird.

Die Probenbank in Münster (09) verfügt über eine neuartige, über eine Schleuse begehbare Tiefkühlzelle, deren Innenraum aus V 4 A-Stahl hergestellt ist, der zusätzlich an allen Schweißstellen und -nähten mit Teflon überzogen wurde. Neben dieser Lagereinrichtung bei mind. −85 °C für ca. 650 000 Standardproben von 20 ml Volumen besteht in einem weiteren Raum mit 2 Clean-bench-Einrichtungen die Lagerungsmöglichkeit von 1,9 m³ über LN_2. Ein System 3facher Sicherung ist zur Aufrechterhaltung der Dauertieftemperatur in der Kühlzelle vorgesehen, indem neben zwei Kühlgeneratoren, von denen jeder alleine in der Lage ist, die Tiefkühltemperatur in der Zelle aufrechtzuerhalten, der Anschluß an ein Notstromaggregat auch eine Weiterführung bei Ausfall des allgemeinen Energienetzes erlaubt und selbst wenn der Notstrom ausfällt, kann aus einem bei der Kühlzelle vorhandenen Lagertank Flüssigstickstoff direkt in die Zelle eingeleitet werden; die Überwachungsleitungen sind auch an die zentrale Leitwarte der medizinischen Einrichtungen der Universität angeschlossen.

Es sei hier kurz berichtet, daß auch in der "Pilot National Environmental Specimen Bank" der NBS/EPA eine Parallellagerung bei −80 °C und über LN_2 stattfindet, die Kapazitäten betragen jeweils ca. 1,5 m³.

Als ein weiterer, wesentlicher Punkt auf dem Gebiet der Lagerung stellte sich die Frage der Behältermaterialien, einschl. der Teilaspekte Form, Verschluß, Größe, Füllhöhe etc.; die Vorstudien zum Pilotprojekt Umweltprobenbank hatten auf diesem Gebiet noch keine Lösung, lediglich Ansatzpunkte gebracht. Während des Pilotprojektes Umweltprobenbank wurden nun eine Vielzahl von Materialien und Verschlüsse auf ihre Eignung in Abhängigkeit von Lagerungsbedingungen, Füllgut und analytischer Zielsetzung geprüft; die folgende Listung gibt einen Überblick der eingesetzten Materialien:

Borosilikatglas mit Außenschliff,
ohne Halsverengung
PTFE mit Dichtwulst,
ohne Halsverengung
Duran-Schraubglasflaschen
Quarzglasampullen
verschweißte PVC-Folie
geformte Aluminiumfolie
Aluminiumdosen
Polyethylenschraubgefäße

Polypropylenschraubgefäße
beschichtete Aluminiumfolien
Polycarbonatfolien
Polyethylenfolien
PTFE-Schrumpfschlauch
Ring-pull-Weißblechdosen
Aluminium-Dichtfolien
Kunststoff-Dichtfolien
Indium-Dichtfolien.

Von dem Forschungspartner 12 wurde eine spezielle „Studie zur Situation bei den Gefäßmaterialien im Pilot-Umweltprobenbank-Projekt" erstellt.

Ein besonderes Problem bei der Lagerung von Proben unter tiefkalten Bedingungen ist der gasdichte Verschluß des Probengefäßes, der zudem noch inert sein muß, um nicht mit der Fragestellung zu kollidieren. Aus diesem Grunde konnten die mit den Gefäßen gelieferten Schraubkappen aus Polyolefinen nicht ohne weitere Trennschicht verwendet werden. Hilfsweise wurde für die ersten Serien der einzulagernden Proben Aluminiumfolie verwendet. Das Risiko nicht zuverlässig dichter Gefäße mit dem Problem der Explosionsgefahr beim Auftauen ist bei der Verwendung von Aluminiumfolien als Dichtungselement größer einzuschätzen als bei den später verwendeten Indiumfolien, ferner kann die Katalyse enzymatischer Reaktionen in der Probe bei Aluminiumkontakt nicht ausgeschlossen werden. Hinzu kommt, daß Indiumfolie in suprareiner Qualität (99, 996%) produziert werden kann und Indium, im Gegensatz zu Aluminium, nicht zu den geplanten und aktuellen Analyse-Parametern in den Proben gehört.

Hinsichtlich Bruchrate, Alterungs- und Versprödungseffekte der jeweiligen Probenbehälter bei den einzelnen Lagerungsbedingungen, u. U. in Abhängigkeit vom Lagerungsgut, konnten folgende Erfahrungen gewonnen werden:

Lagerung:

- Glasbehälter stabil
- Polyolefinbehälter stabil
- PTFE-Behälter stabil
- Polyethylenfolie brüchig

- Aluminiumfolie brüchig
- Polycarbonatfolie stabil
- Weißblechdosen Rostansatz

Bruchrate:

- bei sehr dünnwandigen Glasgefäßen beim Einfrieren sehr hoch
- bei Glasgefäßen, ohne genügendes „Totvolumen" über der Probe (ca. 25% des Gesamtvolumens), sehr hoch

– bei PTFE-Gefäßen mit flüssigen Matrices, ohne genügendes „Totvolumen"
über der Probe, hohe Bruchrate der Schraubverschlüsse
– bei zusätzlicher mechanischer Beanspruchung werden alle Kunststoffe brüchig

Die Ergebnisse des Pilotprojektes Umweltprobenbank, hinsichtlich des Teilgebietes „Lagerung", lassen sich wie folgt zusammenfassen:

1. Es konnten zwei Großlagerstätten mit weitreichender Kapazität zur Probenlagerung bei mind. −85 °C errichtet werden;
2. Veränderungstrends in den Proben in Abhängigkeit von der Lagertemperatur konnten bei den verwendeten Systemen nicht beobachtet werden (s. auch Abschn. 1.2.1.4 Analytik);
3. Ein einheitlicher Behältermaterialtyp steht zur Zeit nicht zur Verfügung. In Abhängigkeit vom Analysenziel müssen zwei Materialarten verwendet werden.

1.2.1.4 Analytik

Im Pilotprojekt Umweltprobenbank wurde der Analytik ausgewählter anorganischer und organischer Schadstoffe, aber auch physiologischer Inhaltsstoffe in den verschiedenen Matrices eine besonders hohe Priorität zugeteilt, um Hinweise auf eventuelle zeitabhängige, statistisch signifikante Veränderungstrends in u. U. einzelnen Probenarten und/oder nach verschiedenen Lagerungsbedingungen zu erhalten.

Bei den im Abschn. 1.2.1.1 (Probennahme) genannten Proben (s. Abb. 4) und in begleitenden Untersuchungen zur Probencharakterisierung wurden insgesamt über 100 Stoffe und Substanzgruppen hinsichtlich ihrer aktuellen Konzentration und in wiederholten Prüfungen nach unterschiedlicher Lagerung (Zeit, Temperatur, Behälter) analysiert. In der folgenden Listung sind diese analysierten Stoffe, code-korrelierend zu den Antwortkatalogen der FP 01–12 aufgeführt.

A. Anorganische Schadstoffe

Blei (Pb)	Palladium (Pd)
Cadmium (Cd)	Strontium (Sr)
Quecksilber (Hg)	Antimon (Sb)
Arsen (As)	Zinn (Sn)
Thallium (Tl)	Chrom (Cr)

B. Physiologische Inhaltsstoffe

1. Anorganisch

Natrium (Na)	Vanadium (V)	Chlor (Cl)
Kalium (K)	Nickel (Ni)	Eisen (Fe)
Calcium (Ca)	Kobalt (Co)	Kupfer (Cu)
Magnesium (Mg)	Mangan (Mn)	Zink (Zn)
Aluminium (Al)	Phosphor (P)	Molybdän (Mo)
Selen (Se)	Schwefel (S)	

2. Organisch

Ascorbinsäure, Cholesterin
Cis-9-Octadecensäure (Ölsäure)
Cis-cis-9,12-Octadecadiensäure (Linolsäure)
Cis-cis-cis-9,12,15-Octadecatriensäure (Linolensäure)
ges. Fettsäuren, Lipide

C. Organische Schadstoffe

1. Chlorkohlenwasserstoff-Verbindungen

Hexachlorbenzol	Dieldrin	o,p'-DDT
alpha-HCH	Endrin	p,p'-DDT
beta-HCH	alpha-Endosulfan	ges. DDT
gamma-HCH	beta-Endosulfan	A 60 – Peak 1
delta-HCH	Methoxychlor	A 60 – Peak 2
epsilon-HCH	o,p'-DDE	A 60 – Peak 3
Heptachlor	p,p'-DDE	A 60 – Peak 4
Heptachlorepoxid	p,p'-DDD	ges. PCB
Aldrin		

2. Chlorphenole

Pentachlorphenol	3,4,5-Trichlorphenol
2,3,5,6-Tetrachlorphenol	2,4,6-Trichlorphenol
2,3,4,6-Tetrachlorphenol	2,4-Dichlorphenol
2,3,4,5-Tetrachlorphenol	

3. Organische Phosphorsäureester

Disulfoton	Parathion
Dimethoat	Methidathion
Malathion	

4. Azaarene

Benzo(a)acridin	Dibenz(a,j)acridin
Benzo(c)acridin	Dibenz(c,h)acridin
Dibenz(a,h)acridin	

5. Polycyclische aromatische Kohlenwasserstoffe (PAHs)

Fluoranthen	Triphenylen
Pyren	Benzo(b)fluoranthen
Benzo(b)naphtho(2,1-d)thiophen	Benzo(j)fluoranthen
Fluoren	Benzo(k)fluoranthen
Phenanthren	Benzo(e)pyren
Anthracen	Benzo(a)pyren
Benzo(c)phenanthren	Perylen
Benzo(ghi)fluoranthen	Indeno(1,2,3-cd)pyren
Cyclopenta(cd)pyren	Benzo(ghi)perylen
Benz(a)anthracen	Anthanthren
Chrysen	Coronen

6. „Hormonale" Substanzen

Anabolika   andere Steroide
Oestrogene   Stilboestrole
                       jeweils mit Metaboliten

Eine Übersicht über die durch die einzelnen Forschungspartner analysierten Stoffgruppen in den jeweiligen Matrices ist in der Abb. 1 und im Abschn. 1.1 (Aufgabenstellung) gegeben; detailliertere Hinweise sind in den Berichten und Antwortkatalogen der Forschungspartner 01, 02, 03, 05, 06, 09, 10 und 12 gegeben.

Die analytischen Bestimmungsverfahren der genannten Laboratorien sind als allgemein anerkannt zu bezeichnen. Die in den einzelnen Matrices erzielten Nachweisgrenzen der einzelnen Stoffe gehen in der Regel über den allgemeinen Standard hinaus, nicht zuletzt aufgrund der Tatsache, daß in den spezialisierten Untersuchungsstellen matrixbezogene Methodikmodifizierungen vorgenommen wurden. Bewußt wurde auf eine allgemein verbindliche Methodik verzichtet, was zwar zu einer erhöhten Bandbreite der Meßwerte zwischen den einzelnen Laboratorien führte, andererseits den Vorteil hoher Empfindlichkeit bei guter Reproduzierbarkeit innerhalb der Untersuchungsstellen besitzt, zumal während des Pilotprojektes neuere Methodiken erarbeitet und einbezogen werden konnten.

Anorganische Bestandteile wurden in der Regel mittels atomabsorptionsspektrometrischer Verfahren (AAS, elektrothermal, Hydrid, Kaltdampf, Flamme) bestimmt, aber auch die Konzentrationsergebnisse mittels Voltammetrie (DPSAV), Isotopenverdünnungsmassenspektroskopie (IDMS) und instrumenteller Neutronenaktivierungsanalyse (INAA) verifiziert. Entsprechende Aussagen zur Richtigkeit ließen sich auch gegen zertifizierte Referenzmaterialien gewinnen. Da nicht in allen Fällen identische, zertifizierte Kontrollmaterialien handelsmäßig zur Verfügung stehen, wurde aus überschüssigem Probenbankmaterial intern standardisiertes Referenzmaterial entwickelt. Im allgemeinen ist eine Probenmenge von ca. 2 g Frischgewicht ausreichend zur Mehrfachansatzbestimmung mehrerer anorganischer Bestandteile.

Organische Bestandteile wurden in der Regel mittels gaschromatographischer Verfahren bei unterschiedlicher Detektion (FID, ECD, MS) über gepackte und Kapillarsäulen verschiedener Polarität bei isothermer und temperatur-programmierter Arbeitsweise bestimmt, aber auch Konzentrationsergebnisse durch z. B. Radio Immuno Assay (RIA) und High Pressure Liquid Chromatography (HPLC) verifiziert. Aussagen zur Richtigkeit einer Analyse lassen sich durch Prüfung mit unabhängigen Methoden bzw. gegen identische resp. zertifizierte Referenzmaterialien erreichen. Zertifizierte Kontrollmaterialien stehen zur Zeit im allgemeinen noch nicht zur Verfügung, die Bestimmung mit unabhängigen Methoden ist häufig nicht möglich. Bis zur breiten Entwicklung von Referenzmaterialien auf dem organisch-analytischen Sektor können hier Ringversuche und Laborvergleichsuntersuchungen unterstützend beitragen. Dies war für das Pilotprojekt Umweltprobenbank ausdrücklich nicht vorgesehen; eine Betrachtung der Ergebnisse einer vergleichenden Untersuchung von Halogenkohlenwasserstoffen in Probenbankmaterial (Humanleber) zwischen einem deutschen Labor (09) und der NBS zeigten jedoch eine vorzügliche Übereinstimmung. Allgemeine Angaben für ein durchschnittliches Probenvolumen zwecks organischer Profilanalyse sind nicht möglich; die notwendige Probenmenge kann von wenigen hundert Milligramm (z. B. Halogenkohlenwasserstoffe in Fettgewebe) bis zu 2 Zehnerpotenzen höheren Mengen (z. B. PAHs in wenig belasteten Matrices) differieren. Besonders bemerkt werden muß hier noch, daß alle im Pilotprojekt Umweltprobenbank angewendeten Untersuchungsverfahren betreffs organischer Bestandteile ein Fingerprintprofil liefern, das trotz nicht routinemäßiger Auswertung bei entsprechender Dokumentation vor allem bei zeitlichen Trenduntersuchungen frühzeitig besondere Informationen geben kann.

Im Pilotprojekt Umweltprobenbank wurde der Analytik ausgewählter anorganischer und organischer Schadstoffe, aber auch physiologischer Inhaltsstoffe in den verschiedenen Matrices eine besondere hohe Priorität zugeteilt, um Hinweise auf eventuell zeitabhängige, statistisch signifikante Veränderungen in unter Umständen einzelnen Probenarten oder nach verschiedenen Lagerungsbedingungen zu erhalten. Zur Ermittlung derartiger Veränderungen wurde unter anderem das Verfahren der Horizontallagenveränderung des mittleren Streuungsbandes gewählt. Alle acht analytisch involvierten Forschungspartner kommen nach ihren Ergebnissen einhellig zu dem Schluß, daß sich bei keiner Probenart Hinweise für lagerungsbedingte ($-85\,°C$, $-140\,°C$) Veränderungen ergeben. Eine gewisse Schwankung in den Analysenergebnissen, die sich bei allen Untersuchern in allen Matrices bei allen untersuchten Stoffen findet, ist, abgesehen von der "normalen" Fehlerbreite, auf Inhomogenitäten in den einzelnen Proben zurückzuführen, da bei Beginn des Pilotprojektes Umweltprobenbank das Problem einer befriedigenden, kontaminationslosen Probenhomogenisierung noch nicht gelöst war (s. Abschn. 1.2.1.2). In zwei Matrices (Humanblut, Humanharn) war eine deutliche Veränderung (Verlust) eines physiologischen Bestandteils (Cholesterin) festzustellen; dieses Absinken war, wie weitere Untersuchungen zeigten, jedoch nicht abhängig von Lagerungszeit oder -temperatur, sondern es zeigten sich Einflüsse des Temperaturgradienten beim Auftauprozeß, auch sind Auswirkungen einer mikrobiellen Kontamination nicht auszuschließen.

Die Datenerfassung und -verarbeitung der Analysenergebnisse erfolgt nach anfänglichen Schwierigkeiten inzwischen problemlos (s. Abschnitt 1.2.2).

1.2.1.5 Transportorganisation

Das Teilgebiet „Transport" im Rahmen des Pilotprojektes Umweltprobenbank wurde zu einem großen Teil von der Forschungspartnergruppe 05 übernommen. Hierzu standen 2 VW-Transportfahrzeuge zur Verfügung mit einer jeweiligen Transportkapazität bis zu ca. 800 l über Flüssigstickstoff. Ferner kann ein größeres „mobiles Labor" mit Reinlufteinrichtung eingesetzt werden. Zahlen über die durchgeführten Transporte liegen aus den Jahren 1981 und 1982 vor. Danach wurden in den Jahren 1981 und 1982 insgesamt 94 Probentransporte zu resp. von den 8 Forschungspartnern durchgeführt. Nach vorliegenden aktuellen Zahlen (Stand 1.8.83) wurden nach entsprechendem Transport insgesamt etwa 6 500 Proben bei Forschungspartner 05 eingelagert, der Probenbestand zu diesem Zeitpunkt betrug ca. 1 500 Proben und ca. 200 Rückläufe. Die Transportorganisation erfolgte in üblicher Weise über farbcodierte Endloskalender.

Transporte zwischen Gewinnungsort der Proben und Zwischenlager, Satellitbanken und Dauerlager (nur Humanproben) wurden in der Regel von den anderen Forschungspartnern selbst vorgenommen.

Für das Teilgebiet „Organisation" im Rahmen des Pilotprojektes Umweltprobenbank wurden von dem Forschungspartner 05 folgende Teilaspekte bearbeitet:

- zusammen mit Forschungspartner 08 Entwicklung von Identifikationen und Probenbegleitscheinen,
- Entwicklung von Probentransportscheinen
- Entwicklung von Einlagerungssystemen
- Beschaffung der Einzelprobengefäße
- Beschaffung der Dichtungsfolien
- z. T. Reinigung und Versand von Probengefäßen
- Koordinierung von Ein- und Auslagerung sowie des Transportwesens (s. o.)
- Überlegungen zur Kalthomogenisierung (mit Forschungspartnern 09 und 12)

Die im Kapitel 2 (Schlußfolgerungen und Empfehlungen) gegebenen Empfehlungen, speziell zum Aufbau einer „Kältekette" von Probennahme (Abschn. 1.2.1.1) über Probenaufbereitung (Abschn. 1.2.1.2) bis zur Lagerung (Abschn. 1.2.1.3), beinhalten die Entwicklung der Gruppen Transport/Organisation zur technischen Basismannschaft in die genannte Aufgabenkette. Die vorhandenen Transport- und Personalkapazitäten sind dafür ausreichend.

1.2.2 Dokumentation

Alle Informationen, die im Pilotprojekt Umweltprobenbank benötigt werden, um jede Probe bezüglich der Probennahme, der Lagerung und der Analysenergebnisse zu beschreiben, werden in der Abteilung Dokumentation des Forschungspartners 08 in Münster mit Hilfe eines eigenen, speziell für diesen Zweck beschafften Rechners verwaltet. Je nach ihrem Ursprung werden die Daten auf eigens hierfür entworfenen Erhebungsformularen, den sogenannten Probendatenblättern, erfaßt, nach Münster geschickt und dort in den Rechner eingegeben. Somit stehen unter Berücksichtigung gewisser Datenschutzvereinbarungen zwischen allen am Pilotprojekt beteiligten Institutionen sämtliche Informationen für die verschiedensten Fragestellungen zur Verfügung.

Bei der Probennahme werden Daten über die Beschaffenheit des Ortes, an dem die Probe entnommen wird, sowie über die Umwelteinflüsse, denen dieser Ort ausgesetzt ist, erhoben (s. Abschn. 1.2.1.1). Da ein breites Spektrum an verschiedenen Matrices für das Pilotprojekt Umweltprobenbank ausgewählt wurde, konnte aufgrund der Varietät der Probentypen untereinander kein einheitliches Erhebungsformular entwickelt werden. In Absprache mit dem jeweiligen Probennehmer wurde für jede Matrix ein eigenes Probendatenblatt I entworfen. Zusätzlich wird von jedem Probennehmer eine „technische Beschreibung der Probennahme" erstellt, in der er die Vorgehensweise bei der Probennahme definiert.

Zu Beginn des Projektes wurde mit allen Projekt-Teilnehmern der Umfang und die Portionierung der benötigten Einzelproben für die Analyse aufgrund von Vorversuchen abgesprochen. Diese Daten werden von der Abteilung Dokumentation verarbeitet und in Form der „Liste der Probenidentifikation" an die Probennehmer verschickt. Über diese Liste wird jede Einzelprobe mit einer Identifikation versehen. Zusätzlich erfaßt der Probennehmer das Realgewicht der Einzelprobe und übermittelt diese Angaben der Abteilung Dokumentation.

Für jede Einzelprobe wird nun ein „Probenbegleitschein" erstellt, der jeweils zusammen mit der Probe dem Analytiker ausgehändigt wird, was über die Gruppen Transport und Organisation erfolgt. Darin sind aufgeführt:

– Matrix	– Sollgewicht
– Lagerungsort	– vorgesehene Analyse
– Lagerungstemperatur	– Analysenort
– Verpackung/Gefäßart	– Realgewicht.

Der Analytiker übermittelt die Ergebnisse seiner Analyse auf einem Probendatenblatt II. Dabei werden folgende Parameter eingetragen:

- Identifikation der untersuchten Probe
- Analyseort und Datum
- Anzahl der Analysenansätze
- Anzahl der Bestimmungen pro Analysenansatz
- Bezugsgröße der ermittelten Werte.

Danach folgt eine Listung der festgestellten Substanzen sowie der Werte für die ermittelte Konzentration. Die Abspeicherung der Einzelsubstanzen erfolgt virtuell, d. h. es können jederzeit neue Substanzcodierungen auf dem Rechner eingerichtet werden. Durch die Verwendung von assoziativen Speicherungs- und Zugriffmethoden können durch teilweise Eingabe der Probenidentifikation sämtliche Proben mit den dazugehörenden Informationen, die in den eingegebenen Teilen ihrer Identifikation übereinstimmen, sehr schnell und effektiv gefunden werden.

Die grundlegende Frage des Pilotprojektes Umweltprobenbank, ob sich die Konzentration bestimmter chemischer Verbindungen durch die Lagerung der Proben im Laufe der Zeit verändert, wurde zunächst mit Hilfe der einfachen linearen Regression untersucht. Zur Feststellung komplexerer Beziehungen zwischen Konzentration und Lagerungsdauer werden zur Zeit weitergehende statistische Methoden auf ihre Anwendbarkeit hin untersucht.

Zur Kontrolle der eingegebenen Werte und zur Übersicht für die jeweiligen Analytiker werden die gespeicherten Analysenergebnisse in „halbgraphischer" Form ausgedruckt und den Forschungspartnern zur Verfügung gestellt. Im Rahmen des Pilotprojektes Umweltprobenbank hat es sich für die Arbeitsgruppe 08, die sich definitionsgemäß ausschließlich um Fragen der Dokumentation und Datenverarbeitung zu bemühen hatte, in der Anfangsphase gezeigt, daß zwischen dem großen Bereich der analytisch-chemischen Forschungspartner und der Dokumentation und Datenverarbeitung ein kompetenter Ansprechpartner fehlte, der vor allem verbindende und koordinierende Aufgaben wahrzunehmen hatte; dies wurde inzwischen von dem Forschungspartner 09 übernommen.

1.2.3 Eignung der Probenarten

Als besondere Zielsetzung für das Pilotprojekt einer Umweltprobenbank in der Bundesrepublik Deutschland war anzusehen, ob ein solches Projekt *technisch* überhaupt durchführbar ist; demzufolge mußten in der Pilotphase ökosystemare Gesichtspunkte hinter den in diesem Fall wichtigeren physikalisch-technischen und chemisch-analytischen Prioritäten zurückstehen.

Die Auswahl geeigneter Probenarten für Langzeitlagerungsprojekte und begleitende Probencharakterisierung wurde intensiv vorbereitet durch die o. g. Internationalen Workshops.

In diesen Workshops und Vorstudien und durch begleitende Probencharakterisierungsuntersuchungen der Forschungspartner während der Vor- und Pilotphase Umweltprobenbank wurden insgesamt über hundert Matrices aus den verschiedenen Umweltbereichen auf ihre Eignung hinsichtlich der Teilaspekte Analytik und/oder Sammlung und/oder Charakterisierung untersucht. Einen Überblick gibt die Abb. 5.

Aus einer Liste von 42 Probenarten, gegliedert nach Humanbereich, aquatischem Bereich und terrestrischem Bereich, die dann für eine Einlagerung in der Pilotphase zur Diskussion standen, wurden anfangs 13, später 17 bewußt unterschiedliche Matrices ausgewählt (s. Abb. 4). Diese sollten die Bearbeitung einer breiten Palette potentiell auftretender Probleme im Zusammenhang mit Probennahme, Probenaufbereitung, Homogenisation, Verpackung, Transport, Probenlagerung und Analyse ermöglichen.

Detaillierte Angaben zu jeder einzelnen Matrix, speziell zu folgenden Teilaspekten der Probeneignung

– Verfügbarkeit (zeitlich, örtlich)
– Repräsentanz (geographisch, biologisch)
– Vergleichbarkeit
– Probleme der Sammlung und Entnahme

---

1. Humanbereich

Leber	Fett
Vollblut	Blutplasma
Blutserum	Harn
Niere	Nebenniere
Haut	Herz
Milz	Lunge
Muskel	Magen
Aorta	Rectum
Appendix	Tonsillen
Schilddrüse	Hoden
Ovarien	ZNS (Telencephalon)
ZNS (Cerebellum)	Placenta
Knochen (Femur)	Knochen (Corp. vertebr.)
Knochenmark (Femur)	Knochenmark (Sternum)
Saliva	Kopfhaar
Achselhaar	Humanmilch
Nägel	

2. Terrestrischer Bereich

Boden (Parabraunerde, H)
Gras (*Lolium multiflorum*)
Weizen
Fichte (*Picea abies*)
Gerste
Karotten
Salat
Schnittlauch
Gr. Brennessel (*Urtica dioica*)
Mais
Olivenöl
Palmöl
Baumwollsaatöl
Erbsen
Kartoffeln (*Solanum tuberosum*)
Rote Rübe
Birne
Rüböl
Kokosfett
Mineralöl
Paraffin. liq.
Kuhmilch
Regenwurm (*Lumbricus terrestris*)
Honigbiene (*Apis mellifica*)
Reh, Leber (*Capreolus capreolus*)
Ameisen (nicht spezif.)
Haushuhn (*Gallus domesticus*)
Butterschmalz
Rabenkrähe (*Corvus corone*)
Hase (*Lupus europaeus*)
Elster (*Pica pica*)
Star (*Sturnus vulgaris*)

Boden (Parabraunerde, B)
Gras (*Phleum pratense*)
Pappelblätter (*Populus nigra* 'Italica')
Bohnen
Grünkohl
Petersilie
Holunder (*Sambucus nigra*)
Spinat
Kl. Brennessel (*Urtica urens*)
Margarine
Sonnenblumenöl
Leinöl
Rapsöl
Linsen
Kohlrabi
Apfel
Sojaöl
Erdnußöl
Hefe
Mineralölprodukte
Paraffin. dur.
Regenwurm (*Lumbricus rubellus*)
Laufkäfer (*Carabus auratus*)
Stadttaube (*Columba livia*)
Fuchs, Leber (*Vulpes vulpes*)
Amseleier (*Turdus merula*)
Butter
Bussard (*Buteo buteo*)
Ringeltaube (*Columba palumbus*)
Feldsperling (*Passer montanus*)
Wildschwein (*Sus serofa*)
Amsel (*Turdus merula*)

3. Aquatischer Bereich

Spiegelkarpfen (*Cyprinus carpio*)
Klärschlamm
Miesmuschel (*Mytilus edulis*)
Hecht (*Esox lucius*)
Große Schlammschnecke
   (*Lymnaea stagnalis*)
Trinkwasser
Flußwasser
Abwasser

Dreikantmuschel (*Dreissena polymorpha*)
Blasentang (*Fucus vesiculosus*)
Regenbogenforelle (*Salmo gaidneri*)
Große Posthornschnecke
   (*Planorbarius corneus*)
Sedimente, versch.
Grundwasser
Meerwasser

4. Atmosphärischer Bereich

Luft (cryo-sampling)
Vielblütiges Weidelgras
   (*Lolium multiflorum*)

Luft (sorbiert)
Wiesenlieschgras (*Phleum pratense*)

Abb. 5. Übersicht über Probenarten

– Artenschutzgesichtspunkte
– Probencharakterisierung
– Eignung der Proben für Analytik, Lagerung, Homogenisation

sind den Berichten der einzelnen Forschungspartner und/oder den Materialien-
bänden zu entnehmen.

Die Erfahrungen in dem Pilotprojekt Umweltprobenbank zeigen, daß bei einigen Matrices Einschränkungen hinsichtlich der Probeneigung gegeben sind. Bei
der Matrix Humanharn wird die Schwierigkeit gesehen, daß einmal bei relativ
niedrigen Gehalten große Probenmengen eingelagert werden müssen, zum anderen der Harn nicht als akkumulierende Matrix angesehen wird; Humanharn ist
jedoch gut geeignet für begleitende Probencharakterisierungsmaßnahmen. Die
Gewinnung, auch für eine statistische Bearbeitung, ausreichender Mengen anderer Humanproben war durch die enge Zusammenarbeit zwischen der Probenbank
für Humanproben in Münster mit den Instituten und Kliniken der medizinischen
Einrichtungen der Universität gewährleistet (zur Zeit ist ein Lagerungsbestand
von über 20 000 Humanproben gegeben). Durch die Anbindung der Datenbank
in Münster ist ein personengebundener Datenschutz praktiziert worden, der
durch entsprechende Datenaufbereitung garantiert, daß ein Bezug zur Person
(Organ-/-teilspender) ausgeschlossen ist.

Während bei Humanproben die individuelle Anamnese, die begleitende Probencharakterisierung und die toxikologisch wertende Analyseninterpretation es
ermöglichen, räumliche und zeitliche Schadstofftrends zu verfolgen, muß bei tierischen und pflanzlichen Organismen als Umweltproben dies durch taxonomische Zuordnung, wenn möglich mit genetischer Definition von Alleltypen, sowie
durch ökologische, räumliche, zeitliche und technische Standardisierung der Probennahme erfolgen. So wäre beispielsweise die „natürliche" Verfügbarkeit von
Lolium multiflorum und die Repräsentanz nicht gegeben; andererseits ergibt die
Probengewinnung nach der VDI-Richtlinie 3792 mit Reinsaat auf Einheitserde
oder homogenisierter Standorterde eine hohe Vergleichbarkeit. Bei der Matrix
Regenwurm ist festzustellen, daß für größere Probenmengen dem *Lumbricus rubellus* der *Lumbricus terrestris* wegen seines größeren Durchschnittgewichtes vorzuziehen wäre.

Hinsichtlich der Probe Kuhmilch ist einschränkend zu bemerken, daß diese
Matrix mit ihren Folgeprodukten Bedeutung für die menschliche Ernährung besitzt, daß andererseits im Bereich der Bundesrepublik Deutschland bei der Vieh-
haltung eine sehr unterschiedliche Zufütterung stattfindet, was bei importierten
Futtermitteln die Zuordnung von eventuellen Trends erschwert. Die Erfahrungen
des Pilotprojektes Umweltprobenbank haben gezeigt, daß die Belastung von
Kuhmilch mit bekannten Schadstoffen z. T. so gering ist, daß die für entsprechende Bestimmungen notwendigen Lagerungsmengen hohe Kapazitäten beanspruchen.

Bei der vorgegebenen technisch-analytischen Aufgabenstellung des Pilotprojektes Umweltprobenbank kann eine abschließende Bewertung der genannten
Matrices nicht vorgenommen werden, die gewonnenen Erfahrungen sollten jedoch in die Probenauswahldiskussion bei einer Dauereinrichtung einer Umweltprobenbank in der Bundesrepublik Deutschland einbezogen werden.

2 Schlußfolgerungen und Empfehlungen

Durch Produktion, Verkehr und Verbrauch werden schädliche Stoffe an die Umwelt abgegeben. Die vorrangigen Aufgaben im Bereich Umweltschutz und Umweltpolitik sind einerseits sowohl das Erkennen und Abschätzen der Gefährdung des Menschen und seiner belebten und unbelebten Umwelt durch Umweltchemikalien und Schadstoffe als auch die Verminderung dieser Gefährdung. Als Voraussetzung zu der Weiterentwicklung der gesetzlichen Maßnahmen zum Schutz sind die verbesserte Erfassung und Beobachtung insbesondere von Rückständen in der Umwelt erforderlich.

Da nicht alle in die Umwelt und Nahrungsnetze gelangenden chemischen Stoffe (weltweit werden z. Z. ca. 100000 chemische Substanzen verwendet) durch aktuelle Messungen erfaßt werden können, wird die Auffassung vertreten, daß

1. *die Einrichtung einer Umweltprobenbank erforderlich ist und*
2. *der erreichte wissenschaftliche und technische Stand des Pilotprojektes nunmehr den Dauerbetrieb der Umweltprobenbank in der Bundesrepublik Deutschland voll rechtfertigt.*

Die beiden zentralen Aufgaben einer Umweltprobenbank mit begleitender Probencharakterisierung sind:

Einlagerung, Charakterisierung und Analytik von Umweltproben zur *laufenden* und insbesondere *retrospektiven* Beobachtung von Schadstoffkonzentrationen.

So wäre es in der aktuellen Situation der zunehmenden Waldschäden sicherlich hilfreich, entsprechende Umweltproben aus den letzten Jahrzehnten auf Trendverläufe untersuchen zu können.

Im einzelnen können jetzt folgende Aufgaben durch die Fortführung der Umweltprobenbank in der Bundesrepublik Deutschland in Angriff genommen werden; sie sind in der folgenden Listung ohne Prioritätssetzung angegeben, wobei als Interessentenkreise vor allem Gesetzgeber, Bundes- und Länderbehörden, Forschung und Industrie in Frage kommen:

- Sammlung, Charakterisierung und gesicherte Lagerung von Indikatorproben für Umweltbelastungen von überörtlicher Bedeutung
- retrospektive Ermittlung der Konzentration von Schadstoffen, die z. Z. der Einlagerung noch nicht als solche erkannt waren
- retrospektive Ermittlung der Konzentration von Schadstoffen, die z. Z. der Einlagerung noch nicht oder noch nicht ausreichend richtig bestimmt werden konnten
- systematische Aussagen von überörtlicher Bedeutung zum Status und zum Trend der Umweltsituation
- Erfolgskontrolle von gegenwärtigen und zukünftigen Verbots- und Beschränkungsmaßnahmen im Umweltbereich von überörtlicher Bedeutung
- Beobachtung von rezenten Konzentrationen ausgewählter Schadstoffe von überörtlicher Bedeutung

- retrospektive Ermittlung von Korrelationen zwischen Schadwirkungen und Schadstoffkonzentrationen
- Schwellendosis-Bestimmungen für chronische Umwelt- und Gesundheitsschädigungen mit langen Latenzperioden
- retrospektive Überprüfung früherer Ergebnisse mit neueren Methoden

Besondere Zielsetzung des Pilotprojektes der Umweltprobenbank war die Frage, ob ein solches Projekt *technisch* überhaupt durchführbar ist; demzufolge mußten in der Pilotphase ökosystemare Gesichtspunkte hinter den in diesem Fall wichtigeren physikalisch-technischen und chemisch-analytischen Prioritäten zurückstehen.

2.1 Probenauswahl, -nahme, -eignung und -aufbereitung

Die Auswahl geeigneter Probenarten für das Pilotprojekt Umweltprobenbank wurde intensiv vorbereitet durch Vorstudien und zwei internationale Workshops. Anfangs 13, später 17 Matrices, ausgewählt aus Humanbereich, aquatischem Bereich und terrestrischem Bereich, sollten beispielhaft die Bearbeitung einer breiten Palette potentiell auftretender Probleme im Zusammenhang mit Probennahme, Probenvorbereitung, Homogenisation, Verpackung, Transport, Probenlagerung und Analyse im Rahmen des Pilotprojektes ermöglichen.

Für alle Proben wurden folgende Maßnahmen entwickelt und erprobt:

1. Probendefinition
2. technische Beschreibung der Probennahme
3. Probenstandort-Charakterisierung
4. Probendatenblätter und -protokolle

Die Ergebnisse des Pilotprojektes zeigen, daß mit einigen Ausnahmen alle Matrices den Kriterien einer Probeneignung (Verfügbarkeit, Repräsentanz, Vergleichbarkeit, Probencharakterisierung, Eignung für Analytik, Lagerung und Homogenisation) genügten.

Der Vergleich der einzelnen Probennahmen und -aufbereitungen in der Pilotphase zeigt ein sehr heterogenes Vorgehen.

Dies könnte relativ problemlos durch die stufenlose Ein- bzw. Verbindung der Schritte Probennahme – Probenaufbereitung – Transport zum Dauerlager im Sinne einer Kältekette gelöst werden, wobei einer technischen Basismannschaft, gebildet von den Gruppen Transport und Organisation, jeweils entsprechende Probennahme-Spezialisten zugeordnet würden (s. Abschn. 2.3). Hierzu ist eine mobile Kalthomogenisierungs-Anlage zu realisieren. Eine Vereinheitlichung der Behälter aus kontaminationsarmen Werkstoffen wird empfohlen; dies gilt auch für die Probennahmegeräte, die einheitlich aus z. B. Titan oder PTFE gefertigt sein sollten. Prototypen der Probennahmegeräte und Werkzeuge sollten ebenfalls daueraufbewahrt werden. Für eine kontinuierliche Durchführung einer Umweltprobenbank über Jahrzehnte ist die audiovisuelle Dokumentation aller Schritte von Probennahme bis Dauereinlagerung wünschenswert, sowohl als technische Anleitung für evtl. Neuzugänger als auch für retrospektive Zwecke.

Für die Erhaltung der chemischen Integrität der Proben bei der Aufbereitung zur Lagerung ist die geplante Kältehomogenisierung als für alle analytischen Zwecke beste Wahl anzusehen. Inwieweit andere Verfahren, z. B. Gefriertrocknung, eingesetzt werden können, bedarf weiterer Untersuchungen.

*Bei einer Dauereinrichtung einer Umweltprobenbank in der Bundesrepublik Deutschland sollten in der Anfangsphase bis zu 30 Probenarten aus dem **Humanbereich, terrestrischen** und **aquatischen Bereichen und** auch der **Atmosphäre** genommen und dauergelagert werden. Eine Festlegung der aus den genannten Bereichen auszuwählenden Matrices war nicht Aufgabe der Pilotphase Umweltprobenbank und muß bei einer Dauereinrichtung jeweils unter Beteiligung wissenschaftlichen Sachverstandes erfolgen.*

Die Probennahmen sollten in der Anfangsphase ca. 10 kg betragen, um anfängliche begleitende Maßnahmen zu ermöglichen; später muß diese Menge aus Gründen der Lagerungskapazitäten reduziert werden auf z. B. 5 kg oder weniger.

Der Probennahmerhythmus ist abhängig von der Matrix und den gewünschten Ansprüchen an das System einer Umweltprobenbank und sollte in der Anfangsphase kürzer sein.

Es wird empfohlen, die Proben sowohl aus einem belasteten als auch aus einem unbelasteten Raum zu ziehen, um sowohl Trendverläufe als auch Spitzen der Belastung zu erkennen.

Es wird empfohlen, bei allen Proben eine entsprechende begleitende Probencharakterisierung vorzunehmen. Während bei Humanproben die individuelle Anamnese, begleitende Probencharakterisierung und die toxikologisch wertende Analyseninterpretation es ermöglichen, räumliche und zeitliche Schadstofftrends zu verfolgen, muß bei tierischen und pflanzlichen Organismen als Umweltproben dies durch taxonomische Zuordnung, wenn möglich mit genetischer Definition von Alleltypen, sowie durch ökologische, räumliche, zeitliche und technische Standardisierung der Probennahme erfolgen. Bei ökologisch bedeutsamen Proben sind diese aus definierten ökosystemaren Forschungsräumen zu ziehen, wobei die Repräsentanz und regionale Vergleichbarkeit der unterschiedlichen Proben gewährleistet sein muß.

2.2 Analytik

Im Pilotprojekt Umweltprobenbank wurde der Analytik ausgewählter anorganischer und organischer Schadstoffe, aber auch physiologischer Inhaltsstoffe, in den verschiedenen Matrices eine besonders hohe Priorität zugeteilt, um Hinweise auf evtl. zeitabhängige, statistisch signifikante Veränderungstrends in u. U. einzelnen Probenarten oder nach verschiedenen Lagerungsbedingungen zu erhalten. Zur Ermittlung derartiger Veränderungen wurde u. a. das Verfahren der Horizontallagen-Veränderung des mittleren Streuungsbandes gewählt. Alle acht analytisch involvierten Forschungspartner kommen nach ihren Ergebnissen einhellig zu dem Schluß, daß sich bei keiner Probenart Hinweise für eine lagerungsbedingte Veränderung ergeben; Schwankungen sind, neben dem „normalen" analytischen Fehler, auf noch vorhandene Inhomogenitäten zurückzuführen.

Die analytischen Bestimmungsverfahren der beteiligten Laboratorien sind als allgemein anerkannt zu bezeichnen; die in den einzelnen Matrices erzielten Nachweisgrenzen der einzelnen Stoffe gehen in der Regel über den allgemeinen Standard hinaus und wurden meist mit mehreren methodischen Verfahren und gegen extern und intern zertifizierte Kontroll- und Referenzmaterialien abgesichert. Bewußt wurde auf allgemein verbindliche Analysenverfahren verzichtet, was zwar zu einer höheren Bandbreite zwischen den einzelnen Laboratorien führte, andererseits den Vorteil hoher Empfindlichkeit bei guter Reproduzierbarkeit innerhalb der Untersuchungsstelle aufweist, zumal während des Pilotprojektes neue matrixbezogene Methodikmodifizierungen bearbeitet und einbezogen werden konnten.

Bei der Dauereinrichtung einer Umweltprobenbank in der Bundesrepublik Deutschland sollten in allen Probenmatrices, soweit sinnvoll, folgende analytisch-chemische Probencharakterisierungen durchgeführt werden:

a) *ausgewählte „physiologische" Inhaltsstoffe: z.B. Kupfer, Zink, Mangan, Selen, Aluminium, Natrium, Kalium, Calcium, Magnesium*

b) *ausgewählte anorganische Schadstoffe: z.B. Blei, Cadmium, Quecksilber, Arsen, Thallium, Chrom*

c) *ausgewählte organische Schadstoffe: z.B. Chlor-Kohlenwasserstoff-Verbindungen, einschl. PCBs, polycyclische aromatische Kohlenwasserstoffe, einschl. stickstoffhaltiger*

d) *Aufnahme und Dokumentation des "analytical fingerprint" als charakterisierendes Profil der zusätzlich in der Probe aufgefundenen Stoffe.*

Der letzte Punkt erscheint besonders wichtig, da hierdurch Schadstofftrends am ehesten erkannt werden können.

2.3 Transport, Organisation und Dokumentation

Den Gruppen Transport und Organisation, die während der Pilotphase Umweltprobenbank in Jülich eingerichtet waren, obliegt eine Reihe von vor allem koordinierenden und administrativen Maßnahmen zu den Teilgebieten Probensammlung und -aufbereitung, Lagerung, Logistik und Transport zwischen den einzelnen beteiligten Stellen.

Diese sind bei einer Dauereinrichtung einer Umweltprobenbank in der Bundesrepublik Deutschland zur Bildung einer technischen Basisgruppe, angegliedert an die Probenbank in Jülich, zu nutzen und mit folgenden Aufgaben zu betrauen:

– *Organisation der Probennahme, -aufbereitung und -transporte und Aufbau einer „Kältekette" (s. Abschn. 2.1)*

– *Organisation der Kooperation zwischen Probennehmern, Probenbanken, Analytikern, Datenerfassung und -dokumentation*

– *Vorhaltung von Materialien, z.B. Probengefäßen und Dokumentationsmaterial*

Im Rahmen des Pilotprojektes Umweltprobenbank wurde eine Institution zur Datenerfassung, Datenverarbeitung und Präsentation aufgebaut, die auch einen personengebundenen Datenschutz für Humanproben durch die Anbindung an die Probenbank in Münster praktiziert.

Bei der Dauereinrichtung einer Umweltprobenbank in der Bundesrepublik Deutschland ist das bestehende Dokumentationssystem im Rahmen der Probenbank Münster beizubehalten, ein Dokumentationsverfahren zur Datenerfassung und -verarbeitung des "analytical fingerprint" als charakterisierendes Profil der zusätzlich in der Probe aufgefundenen Stoffe ist zu erstellen.

2.4 Lagerung

Aufgrund verschiedener Vorstudien und den Empfehlungen der genannten internationalen Fachkonferenzen wurden für das Pilotprojekt Umweltprobenbank neben einigen kleinen Satellitenbanken, die zur Lagerung während des Bearbeitungszeitraumes in analytischen Laboratorien dienten, zwei Hauptlagerstätten mit der Möglichkeit der Tieftemperaturlagerung aufgebaut. Die Kapazitäten dieser beiden Stellen, umgerechnet auf Proben von 20 ml Volumen, betragen in Jülich 150 000, in Münster 650 000, wobei sich der Unterschied nicht zuletzt aus der anders gestalteten Lagergeometrie in Münster ergibt. Die Hauptbank in Jülich verfügt vor allem über Lagerungsmöglichkeiten über flüssigem Stickstoff, d. h. bei mindestens $-140\,°C$. Die Hauptbank in Münster besitzt eine mit Kompressorkühlung betriebene begehbare Tiefkühlzelle für eine Dauertemperatur von mindestens $-85\,°C$, deren Aufrechterhaltung dreifach gesichert ist. Bei entsprechendem Vorgehen einer 50:50-Aufteilung bei einer Probeneinlagerung gem. den bei 2.1 gegebenen Empfehlungen reichen die Lagerkapazitäten in Jülich und Münster für etwa 15 Jahre aus. Veränderungstrends in den Proben in Abhängigkeit von der Lagertemperatur konnten weder in Vorstudien noch während der Pilotphase der Umweltprobenbank beobachtet werden.

In verschiedenen Vorstudien und im Rahmen des Pilotprojektes Umweltprobenbank wurden eine Reihe von Behältermaterialien, -formen und -verschlußarten auf ihre Eignung bei der Lagerung und für die anschließende Analytik geprüft. Die Ergebnisse zeigen, daß in Abhängigkeit vom Analysenziel verschiedene Materialarten verwendet werden müssen.

Für die Dauereinrichtung einer Umweltprobenbank in der Bundesrepublik Deutschland können folgende Empfehlungen gegeben werden:

1. *Tieftemperaturlagerung bei mindestens $-85\,°C$ in zwei parallelen Hauptlagerungsstätten mit einer 50:50-Probenaufteilung unter Nutzung der vorhandenen Kapazitäten in Jülich und Münster. Dabei ergeben sich die zusätzlichen Vorteile einer optimierten Probenerhaltungssicherung durch zwei Lagerungsorte und zwei unterschiedliche Energiesysteme mit unterschiedlicher Mehrfachabsicherung. Das Verfahren der Parallellagerung bei $-85\,°C$ und über flüssigem Stickstoff wird auch in der Probenbank der Vereinigten Staaten von Amerika beim National Bureau of Standards praktiziert.*
2. *Schaffung von Lagerungsmöglichkeiten bei mindestens $-85\,°C$ mit der Kapazität der zu analysierenden Probenmengen bei den analytischen Untersuchungsstellen.*
3. *Zur Lagerung sollen einheitliche Behältergrößen und mindestens zwei verschiedene, dem Analysenziel adäquate Behältermaterialien verwendet werden. Die Behälter müssen vor Beschickung nicht nur entsprechend gereinigt, sondern auch strahlensterilisiert werden.*

2.5 Weitere Empfehlungen

Über die in den Abschn. 2.1 bis 2.4 gegebenen Schlußfolgerungen und Empfehlungen hinausgehend wird die weitere Förderung der multidisziplinären Fachbeteiligung in einer Umweltprobenbank in der Bundesrepublik Deutschland empfohlen; dies gilt in gleicher Weise für die Notwendigkeit der supranationalen Weiterentwicklung in Zusammenarbeit mit den bereits bestehenden oder im Aufbau befindlichen Probenbanken in Europa, Amerika und Japan.

Während der Dauereinrichtung ist der jeweilige neueste Stand der wissenschaftlichen und technischen Erkenntnisse zur Optimierung der Umweltprobenbank in der Bundesrepublik Deutschland zu nutzen.

In der Anfangsphase sollten folgende Vorhaben vorrangig sein:

1. *Aufbau der vorgeschlagenen stufenlosen Kältekette von Probennahme bis Dauerlagerung*
2. *Weiterentwicklung der begleitenden Probencharakterisierung*
3. *Datenerfassung und -verarbeitung des analytischen Probenprofils*
4. *Prüfungen weiterer Lagerungsalternativen zur Kapazitätserhöhung, weiterer Gefäßoptimierung und zu Einflüssen von Temperaturgradienten.*

2.6 Ausblick

Die Dauereinrichtung einer Umweltprobenbank mit begleitender Probencharakterisierung in der Bundesrepublik Deutschland mit den zentralen Aufgaben

Einlagerung, Charakterisierung und Analytik von Umweltproben zur laufenden und insbesondere retrospektiven Beobachtung von Schadstoffkonzentrationen

wird aufgrund der gegebenen Schlußfolgerungen als zwingend notwendig erachtet, um dem Gesetzgeber die notwendigen Daten zur Beweissicherung an die Hand zu geben; es gibt sachlich keine andere Alternative.

The Handbook of Environmental Chemistry

Edited by O. Hutzinger

Volume 1

The Natural Environment and the Biogeochemical Cycles

Part A
1st edition. 1980. Corrected 2nd printing 1986.
54 figures. XV, 258 pages.
Hard cover DM 148,–.
ISBN 3-540-09688-4

Part B
1982. 84 figures. VX, 317 pages.
Hard cover DM 220,–.
ISBN 3-540-11106-9

Part C
1984. 55 figures. XIII, 220 pages.
Hard cover DM 140,–.
ISBN 3-540-13226-0

Part D
1985. 58 figures. XI, 246 pages.
Hard cover DM 192,–.
ISBN 3-540-15000-5

Volume 2

Reactions and Processes

Part A
1980. 66 figures, 27 tables. XVIII, 307 pages.
Hard cover DM 148,–. ISBN 3-540-09689-2

Part B
1982. 63 figures. XV, 205 pages.
Hard cover DM 128,–. ISBN 3-540-11107-7

Part C
49 figures. XIII, 145 pages.
Hard cover DM 112,–. ISBN 3-540-13819-6

Volume 3

Anthropogenic Compounds

Part A
1980. 61 figures. XV, 274 pages.
Hard cover DM 116,–. ISBN 3-540-09690-6

Part B
1982. 38 figures. XVII, 210 pages.
Hard cover DM 148,–. ISBN 3-540-11108-5

Part C
1984. 31 figures. XIV, 220 pages.
Hard cover DM 158,–. ISBN 3-540-13019-5

Part D
32 figures. XI, 248 pages.
Hard cover DM 188,–. ISBN 3-540-15555-4

Volume 4

Air Pollution

Part A
1986. 71 figures. XI, 222 pages.
Hard cover DM 168,–. ISBN 3-540-15041-2

SpringerVerlag
Berlin Heidelberg New-York
London Paris Tokyo

H. Kiefer, W. Koelzer

Strahlen und Strahlenschutz

Vom verantwortungsbewußten Umgang mit dem Unsichtbaren

2., erweiterte und aktualisierte Auflage. 1987. 44 zum Teil farbige Abbildungen, 39 Tabellen. Broschiert DM 32,-. ISBN 3-540-17679-9

P. Fabian

Atmosphäre und Umwelt

Chemische Prozesse Menschliche Eingriffe

Ozon-Schicht Luftverschmutzung Smog Saurer Regen

2. Auflage 1987. 34 Abbildungen. XII, 133 Seiten. Broschiert DM 28,-. ISBN 3-540-17099-5

K. H. Becker, J. Löbel (Hrsg.)

Atmosphärische Spurenstoffe und ihr physikalisch-chemisches Verhalten

Ein Beitrag zur Umweltforschung

1985. VII, 264 Seiten. Broschiert DM 106,-. ISBN 3-540-15503-1

S. Safe (Ed.)

Polychlorinated Biphenyls (PCBs): Mammalian and Environmental Toxicology

With contributions by numerous experts

1987. 33 figures, 35 tables. X, 125 pages. (Environmental Toxin Series, Volume 1). Hard cover DM 98,-. ISBN 3-540-15550-3

Contents: *S. Safe, L. Safe, M. Mullin:* Polychlorinated Biphenyls: Environmental Occurrence and Analysis. – *L. G. Hansen:* Environmental Toxicology of Polychlorinated Biphenyls. – *A. Parkinson, S. Safe:* Mammalian Biologic and Toxic Effects of PCBs. – *M. A. Hayes:* Carcinogenic and Mutagenic Effects of PCBs. – *I. G. Sipes, R. G. Schnellmann:* Biotransformation of PCBs: Metabolic Pathways and Mechanisms. – *R. J. Lutz, R. L. Dedrick:* Physiologic Pharmacokinetic Modeling of Polychlorinated Biphenyls. – *S. Safe:* PCBs and Human Health. – Subject Index.

SpringerVerlag
Berlin Heidelberg New-York
London Paris Tokyo